国家出版基金项目
NATIONAL PUBLICATION FOUNDATION
"十四五"时期国家重点出版物专项规划项目

A GUIDE TO THE STATE KEY PROTECTED WILD ANIMALS OF CHINA (MAMMALS, REPTILES)

国 家 重 点 保 护

野 生 动 物 图 鉴 兽类、爬行类

中国野生动物保护协会 主编

Panolia siamensis

Diploderma makii

Pusa hispida

Rhinopithecus roxellana

Cuora spp.

Goniurosaurus araneus

Ailuropoda melanoleuca

Python bivittatus

Manis crassicaudata

海峡出版发行集团 海峡书局
THE STRAITS PUBLISHING & DISTRIBUTING GROUP

图书在版编目（CIP）数据

国家重点保护野生动物图鉴. 兽类、爬行类 / 中国野生动物保护协会主编. — 福州：海峡书局，2023.2
ISBN 978-7-5567-1016-4

Ⅰ. ①国… Ⅱ. ①中… Ⅲ. ①野生动物－哺乳动物纲－中国－图集②野生动物－爬行纲－中国－图集
Ⅳ. ① Q958.52-64

中国版本图书馆 CIP 数据核字（2022）第 232933 号

出 版 人：林 彬
策 划 人：曲利明 李长青
主 　 编：中国野生动物保护协会
责任编辑：廖飞琴 陈 婧 黄杰阳 龙文涛 陈 尽 林洁如 陈洁蕾 邓凌艳
责任校对：卢佳颖
装帧设计：李 晔 黄舒堉 林晓莉 董玲芝
插画绘制：李 晔

GUÓJIĀ ZHÒNGDIǍN BǍOHÙ YĚSHĒNG DÒNGWÙ TÚJIÀN (SHÒULÈI PÁXÍNGLÈI)

国家重点保护野生动物图鉴（兽类、爬行类）

出版发行：海峡书局
地 　 址：福州市台江区白马中路 15 号
邮 　 编：350004
印 　 刷：雅昌文化（集团）有限公司
开 　 本：889 厘米 × 1194 厘米 　 1/16
印 　 张：16.375
图 　 文：262 码
版 　 次：2023 年 2 月第 1 版
印 　 次：2023 年 2 月第 1 次印刷
书 　 号：ISBN 978-7-5567-1016-4
定 　 价：480.00 元

序

中国是世界上野生动物资源最为丰富的国家之一，据统计，中国仅脊椎动物就达7300种，占全球种类总数的10%以上。

中国政府通过不断完善野生动植物保护法律法规体系、有效履行野生动植物保护行政管理和执法监督、打击野生动植物非法贸易、普及和提高公民的保护意识、加强和拓展双边及多边国际合作，建立了行之有效的综合管理体系，形成了中国特色的野生动物保护管理模式。

中国野生动物保护事业持续健康发展。通过构建以国家公园为主体的自然保护地体系，已形成各级各类自然保护地1.18万处、约占陆域国土面积18%，有效保护了90%的陆地生态系统类型、65%的高等植物群落和71%的国家重点保护野生植物物种；野生动物种群数量得到恢复，栖息地质量得到改善。朱鹮的数量目前已经增加到7000余只，海南长臂猿数量也增加到了5群35只；强化人工繁育技术，开展野化放归，100多种濒危珍贵物种种群实现了恢复性增长。特别是相继成立了大熊猫、亚洲象、穿山甲、海南长臂猿等珍贵濒危物种的保护研究中心。大熊猫的人工繁育难题实现突破，2021年底圈养种群数量已达到673只。曾经灭绝的普氏野马、麋鹿等重新建立了野外种群。全面禁止野生动植物的非法交易，形成严厉打击野生动植物非法交易的高压态势。2021年亚洲象北移及返回之旅，充分展示了中国野生动物保护的成果，这得益于中国政府对生态建设的高度重视，得益于社会公众对生态保护的大力支持。

30多年的实践表明，《国家重点保护野生动物名录》对强化物种拯救保护、打击乱捕滥猎及非法贸易、提高公众保护意识发挥了积极作用。中国野生动物保护协会、海峡书局出版社有限公司根据新颁布的《国家重点保护野生动物名录》，编辑出版了《国家重点保护野生动物图鉴》，我们真诚地希望通过这套图鉴，为我国野生动物的保护管理、执法监管以及公众教育提供参考，以推动我国的野生动物保护工作。

是为序。

中国野生动物保护协会

2022年3月

前言一

我国是世界上兽类最丰富的国家之一，已经命名的种类有686种，全世界名列第一。这主要得益于我国幅员辽阔，气候和生境类型多样。气候类型上，我国跨越热带和寒温带；植被类型上，从热带季雨林到寒温带针叶林、温带荒漠和草原；海拔跨度上，从南海之滨到世界第三极的珠穆朗玛峰，是全世界海拔跨度最大的国家；动物地理上，跨越古北界和东洋界，在世界范围内少见；自然地理区划上，我国跨越季风区、干旱和半干旱区、青藏高寒区三大地理区。这些多样的自然条件孕育了纷繁复杂的哺乳动物类型，珍稀特有动物丰富，大熊猫和金丝猴等众多旗舰种为世界关注的明星物种。

我国十分重视野生动物保护工作，新中国成立初期，在1956年的第一届全国人民代表大会第三次会议上，一批科学家就提出议案，呼吁政府在全国各省划定天然林禁伐区，保存自然植被以供科学研究。1962年，国务院发出了关于积极保护和合理利用野生动物资源的指示。1963年，国务院颁布了《森林保护条例》。1973年，通过了《自然保护区暂行条例（草案）》。1979年，国家颁布了《中华人民共和国森林法》《中华人民共和国环境保护法（试行）》。1988年颁布了《中华人民共和国野生动物保护法》、1992年通过了《中华人民共和国陆生野生动物保护实施条例》、1994年通过了《中华人民共和国自然保护区条例》、1996年通过了《中华人民共和国野生植物保护实施条例》。这些法律法规为我国野生动物保提供了基本遵循和实践指导。到目前为止，我国建立了各类自然保护区已达2750余个。党的十八大以来，生态保护工作受到了更高程度的重视，党中央把"生态文明建设"纳入了我国"五位一体"的建设总体布局。习近平总书记更是高度重视生态保护。在习近平生态文明思想指导下，我国野生动物保护工作取得了历史性进步，以国家公园为主体的我国自然保护体系正在逐步形成和完善。

1988年，国家发布了《国家重点保护野生动物名录》。1993年，中华人民共和国林业部下发了《关于核准部分濒危野生动物为国家重点保护野生动物的通知》。2003年，国家林业局下发了《国家林业局关于进一步加强麝类资源保护管理工作的通知》。2021年，国家更新了《国家重点保护野生动物名录》，根据这个名录，我国目前有国家重点保护野生兽类185种，数量上比1988年多了100多种。该名录使更多的野生哺乳动物得到了更加严格的保护。

为了让执法机关、野生动物保护部门及机构快速、准确辨识我国重点保护的野生兽类物种，中国野生动物保护协会联合海峡书局出版社有限公司组织专家，共同编著了《国家重点保护野生动物图鉴》兽类部分。几位执行副主编精心写作并反复校正，各位摄影家奉献了精美图片。在此，谨对为本书出版做出贡献的单位和个人表示衷心的感谢。由于时间紧，疏漏之处在所难免，请广大读者批评指正。

刘少英

2022年3月

至 2020 年底，中国已知两栖类 500 多种，排名世界第 5 位。中国热带（包括云南和海南）、横断山、青藏高原、武陵山、乌蒙山、武夷山、台湾等地区是我国两栖类物种分化与演化的重要区域。大鲵、镇海棘螈、滇池蝾螈（认为已灭绝）、山精疣螈、峨眉髭蟾、哀牢髭蟾、密棘髭蟾（原髭蟾）、雷山髭蟾、无棘溪蟾等物种是仅产于中国的特有物种。目前，两栖类物种是中国受威胁最严重的类群之一，受威胁比率高达 43.1%，远高于全球两栖动物受威胁的平均水平（31%）。其中，静水水域环境的有尾两栖类和无尾两栖类整体受威胁情况最严重；其次，中低海拔中小型河流环境的两栖类受威胁程度较大。

爬行类起源于侏罗纪，是最早进行陆地繁殖并真正适应陆地生活的脊椎动物类群。羊膜卵的产生是爬行动物独特的适应陆地生存的标志和关键，并从此开启了脊椎动物陆地繁殖、繁衍和演化的征程。截至 2020 年 6 月，中国已知爬行类 527 种（蒋志刚，2021，《中国生物多样性红色名录》），约占全球爬行类物种总数的 5%，排名世界第 7 位。中国热带（云南和海南）、横断山、青藏高原、武夷山、武陵山、乌蒙山、新疆和内蒙古戈壁草原、台湾等地是我国爬行类物种分化与演化的重要区域。扬子鳄、鳄蜥、云南闭壳龟、金头闭壳龟、潘氏闭壳龟、西藏温泉蛇、四川温泉蛇、香格里拉温泉蛇等物种是仅产于中国的特有物种。受威胁爬行类物种在中国受威胁程度也很高，受威胁比率约 29.72%，远高于 2014 年《IUCN 濒危物种红色名录》评估的世界爬行动物受威胁比例（13.61%），其中，龟鳖目整体受威胁最严重，其次为热带喀斯特岩溶地区的蜥蜴类物种。

1989 年 1 月由中华人民共和国林业部、农业部正式发布的《国家重点保护野生动物名录》包含 7 种两栖类（全为二级重点保护物种）和 17 种爬行类（包括 6 种一级重点保护物种和 11 种二级重点保护物种）。三十多年来，《国家重点保护野生动物名录》在我国两栖类和爬行类资源的保护和管理方面发挥了重要作用，大鲵、镇海棘（疣）螈、扬子鳄、鳄蜥、圆鼻巨蜥、蟒蛇等一批国家重点保护两栖类和爬行类得到了有效保护，种群数量得到了一定增长，成为我国野生动物保护的成功案例。

2021 年 2 月修订并发布的《国家重点保护野生动物名录》中，两栖类为 93 种，新增 86 种，包括一级重点保护物种 7 种（其中新增 6 种；升级 1 种，即镇

前言二

中国生物多样性丰富，是全球生物多样性最丰富的 12 个国家之一，尤其是特有物种和受胁物种众多，在生物多样性保护方面具有十分重要的地位和任务。中国非常重视生物多样性保护，于 1988 年 11 月即颁布了《中华人民共和国野生动物保护法》，并于 1989 年 1 月止式由中华人民共和国林业部、农业部发布了《国家重点保护野生动物名录》。2021 年和 2022 年，中国承办并在昆明召开了联合国生物多样性公约第 15 次缔约方代表大会，与参会的世界各国代表共同探讨 2020-2030 年全球生物多样性保护目标；2021 年 2 月，中国修订并颁布了新的《国家重点保护野生动物名录》，彰显了中国在生物多样性保护方面的义务和负责任态度。

两栖类和爬行类是中国生物多样性的重要组成部分，在自然生态系统中发挥着重要功能，其分布和数量也是反映一个区域生态质量和环境变化的理想生物指标。中国的两栖类和爬行类具有物种多样性高、区系起源古老、特有种丰富等特点。中国两栖类和爬行类多样性的保护尤其是珍稀濒危物种的保护一直受到国内外的广泛关注。

两栖类最早出现于泥盆纪，是脊椎动物演化史上从水到陆过渡的类群，其繁殖和早期个体发育必须在水中进行，而成体则可以脱离水体到陆地上生活。截

海棘蟾）；爬行类为 93 种和 1 属（即闭壳龟属，共 11 种），新增 87 种（闭壳龟属新增 9 种，1989 年版保护名录中有云南闭壳龟和三线闭壳龟 2 种），包括一级重点保护物种 19 种（其中新增 8 种；升级 6 种；一级降为二级 1 种，即蟒蛇）。与 1989 年版保护名录相比，新修订的保护名录中，两栖类和爬行类都分别新增了大量物种，说明我国在濒危两栖类和爬行类物种的保护方面还面临着严峻的形势，未来需要付出更大的努力。

为了更好地贯彻执行国家有关生物多样性保护的任务需求，便于让社会大众了解国家重点保护野生动物，助力我国野生动物的保护工作，中国野生动物保护协会联合海峡书局出版社有限公司组织专家，共同编著了《国家重点保护野生动物图鉴》，其中两栖、爬行类部分全面介绍我国 93 种国家重点保护两栖类、104 种国家重点保护爬行类（包括 11 种闭壳龟属物种），每个物种除了文字介绍，还附有显示其典型特征及其生境的照片，同时对部分物种还增加了可拓展阅读的内容。读者扫描书上的二维码，便可以获得这些重点保护物种的地理分布、生活史及其生态习性的更多内容介绍。

由于本书编著时间较短，加上作者水平有限，因此书中难免有不足之处，敬请批评指正。

饶定齐　黄　松

2022年3月

本书使用说明

　　本书每种物种文字介绍包括中文名、拉丁学名、形态特征、分布，另配一到多幅精彩图片。

　　本书目录按《国家重点保护野生动物名录》排序，索引按笔画或字母排序，读者可以通过目录或索引查找到每种物种的页码，进而查阅相应内文。

IUCN 红色名录的受胁等级：

NE	未评估	Not Evaluated	DD	数据不足	Data Deficient	LC	无危	Least Concern
NT	近危	Near Threatened	VU	易危	Vulnerable	EN	濒危	Endangered
CR	极危	Critically Endangered	EW	野外灭绝	Extinct in the Wild	EX	灭绝	Extinct

扫一扫了解更多 ●

中文名 ●

拉丁学名 ●

分类位置 ●

形态特征 ●

分布 ●

国家重点保护野生动物
保护等级 ●

IUCN 红色名录的受胁等级 ●

CITES 公约保护等级 ●

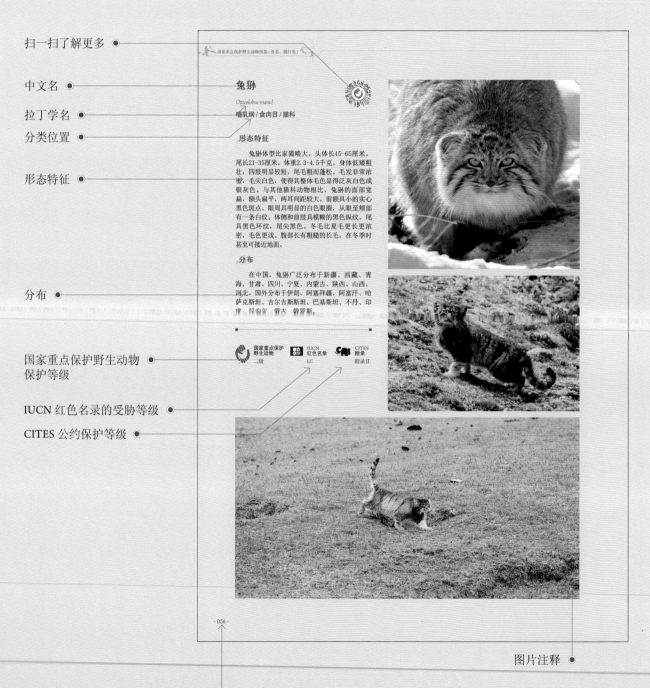

国家重点保护野生动物图鉴（兽类、爬行类）

兔狲

Otocolobus manul

哺乳纲 / 食肉目 / 猫科

形态特征

　　兔狲体型比家猫略大。头体长45-65厘米，尾长21-35厘米。体重2.3-4.5千克。身体低矮粗壮，四肢明显较短，尾毛粗而蓬松。毛发非常浓密，毛尖白色，使得其整体毛色显得泛灰白色或银灰色。与其他猫科动物相比，兔狲的面部宽扁，额头扁平，两耳间距较大。前额具小的实心黑色斑点。眼周具明显的白色眼圈，从眼至颊部有一条白纹。体侧和前肢具模糊的黑色纵纹。尾具黑色环纹，尾尖黑色。冬毛比夏毛更长更浓密，毛色更浅。腹部长有粗糙的长毛，在冬季时甚至可接近地面。

分布

　　在中国，兔狲广泛分布于新疆、西藏、青海、甘肃、四川、宁夏、内蒙古、陕西、山西、河北。国外分布于伊朗、阿塞拜疆、阿富汗、哈萨克斯坦、吉尔吉斯斯坦、巴基斯坦、不丹、印度、尼泊尔、蒙古、俄罗斯。

国家重点保护野生动物
二级

IUCN 红色名录
LC

CITES 附录
附录II

· 056 ·

图片注释

页码 ●

目录

哺乳纲

哺乳纲

蜂猴

Nycticebus bengalensis

哺乳纲 / 灵长目 / 懒猴科

形态特征

体型较小的一种原猴类。体长28-38厘米。尾长22-25厘米。耳小，眼圆而大。四肢短粗而等长，第二个脚趾保留着钩爪。体背棕灰色或橙黄色，正中有一棕褐色脊纹自顶部延伸至尾基部。腹面棕色。眼部、耳部均有黑褐色环斑。

分布

国内分布于云南西南部和广西南部。国外主要分布于东南亚和南亚东北部。

 国家重点保护野生动物 一级　　 IUCN 红色名录 EN　　 CITES 附录 附录 I

倭蜂猴

Nycticebus pygmaeus

哺乳纲 / 灵长目 / 懒猴科

形态特征

　　中国体型最小的一种原猴类。体长19.5-23厘米。体重约0.75千克。其外貌颇似蜂猴，但体型更小，仅是蜂猴的1/3-1/2。头圆，眼大而圆。口小齿利，无颊囊。几乎没有尾。鼻、唇部白色，面部和颈肩部大部分为橙棕色，被毛柔软卷曲呈绵羊绒状。

分布

　　主要分布于中南半岛，分布范围狭窄。国内主要分布在云南南部和广西。国外分布于越南、老挝、柬埔寨东部。

 国家重点保护
野生动物
一级　　　　 IUCN
红色名录
EN　　　　 CITES
附录
附录 I

短尾猴

Macaca arctoides

哺乳纲 / 灵长目 / 猴科

形态特征

　　又叫红面猴，体型较大的一种猕猴类动物。雄性体长70-82厘米，体重8-16千克；雌性体长50-58厘米。尾很短，其长度仅6-8厘米，短于后脚，且被毛稀少，因此又有"断尾猴"之称。前额部分裸露无毛，几乎全部秃顶，呈灰黑色。颊部的毛也较为稀少。胸部、腹部和四肢内侧的毛稀疏且颜色较浅。肩部、颈部和背部的毛较为粗糙。胼胝的周围裸露无毛。短尾猴的成体颜面鲜红色，老年紫红色，幼体肉红色。体背毛色棕褐，披毛较长，腹面略浅。头顶毛由中央向两侧披开。

分布

　　主要分布于南亚和东南亚地区。国内分布于云南、广西、贵州南部、江西南部、湖南南部、广东和福建南部。国外分布于印度、老挝、马来西亚、缅甸、泰国、越南、柬埔寨。

 国家重点保护
野生动物
二级　　　　 IUCN
红色名录
VU　　　　 CITES
附录
附录 II

熊猴

Macaca assamensis

哺乳纲 / 灵长目 / 猴科

形态特征

体型大小与猕猴相似。体长50-70厘米。尾长约为体长的1/3。体重10-15千克。与猕猴的不同在于颜面部相对较长，眉弓较高而突出。吻部突出。腮须和胡子都相当发达，具有颊囊。面部呈肉色，老年的个体脸上还有黑色的斑点。眼下皮肤的颜色较深。头顶的毛发从中央向四周辐射，呈现一个"旋涡"。

分布

国内分布于广西、贵州，以及西藏在内的喜马拉雅山南麓一带。国外分布于印度、尼泊尔、不丹、缅甸北部、泰国北部、老挝、越南、马来西亚。

 国家重点保护
野生动物
二级

 IUCN
红色名录
NT

 CITES
附录
附录II

台湾猴

Macaca cyclopis

哺乳纲 / 灵长目 / 猴科

形态特征

又叫台湾猕猴，体型与猕猴相似。雄性体长44-54厘米。雌性体长36-45厘米。体重5-12千克。体毛多为蓝灰石板色或灰褐色，面部呈肉红色。额部裸露无毛，颜色灰黄。头部圆且具厚毛。两颊密生浓须。顶毛向后披。手足均为黑色，故又名黑肢猴。尾基部橄榄色，其端部灰色，中部具明显的黑色条纹。

分布

中国特有种。仅产于中国台湾的南部和中部，以高雄的寿山密林中最多。

 国家重点保护野生动物 一级　 IUCN 红色名录 LC　 CITES 附录 附录Ⅱ

北豚尾猴

Macaca leonina

哺乳纲 / 灵长目 / 猴科

形态特征

体型较粗大。体长44-62厘米。尾长12-18厘米。尾毛稀疏，尾通常下垂，高度兴奋时竖起。身体一般为黄褐色。性二型显著，雄性脸部周围有一个宽的浅灰色带。垂直毛发较短，使其头顶部有一个凹的暗斑。

分布

国内分布于云南西南部、南部和中部。国外分布于孟加拉国、印度、老挝、缅甸、泰国等地。

 国家重点保护野生动物 一级　 IUCN 红色名录 VU　 CITES 附录 附录Ⅱ

《国家重点保护野生动物名录》备注：原名"豚尾猴"

白颊猕猴

Macaca leucogenys

哺乳纲 / 灵长目 / 猴科

形态特征

　　体型较大。体长58-75厘米。尾长28厘米。雌雄差异明显，雄性明显大于雌性。背部毛色呈黄褐色至巧克力褐色，从上到下颜色一致。腹部毛发呈白色或灰白色。脸颊部毛发通常灰白色，与周围毛发形成明显色差；随着年龄的增大，头部白毛会越来越多；颈部毛发长而浓密，像戴了个围脖；尾相对少毛，通常成年个体尾根部位较粗而尾尖部位较细，部分个体尾尖弯曲。

分布

　　中国特有种。主要见于西藏东南部的墨脱。

 国家重点保护
野生动物
二级

 IUCN
红色名录
NE

 CITES
附录
附录Ⅱ

猕猴

Macaca mulatta

哺乳纲 / 灵长目 / 猴科

形态特征

　　体长47-64厘米。尾长19-30厘米。雄性体重7.7千克左右，雌性体重5.4千克左右。在同属猴类中个体稍小，颜面瘦削，裸露无毛，轮廓分明；头顶没有向四周辐射的"旋毛"，呈棕色；额略突，眉骨高，眼窝深，具颊囊；肩毛较短。尾较长，约为体长之半。身上大部分毛色为灰黄色、灰褐色，背部棕灰色或棕黄色，腰部以下为橙黄色或橙红色，腹部淡灰黄色，有光泽，胸腹部、腿部的灰色较浓。面部、两耳多为肉色，臀胼胝发达，多为肉红色。

分布

　　国内以海南、广东、广西、云南、贵州等地分布较多，福建、安徽、江西、湖南、湖北、四川、浙江、香港次之，陕西、山西、河南、青海、西藏等局部地点也有分布。国外分布于阿富汗、孟加拉国、不丹、印度、老挝、缅甸、尼泊尔、巴基斯坦、泰国、越南。

 国家重点保护
野生动物
二级

 IUCN
红色名录
LC

 CITES
附录
附录Ⅱ

藏南猕猴

Macaca munzala

哺乳纲 / 灵长目 / 猴科

形态特征

    体型粗壮，雌性比雄性小。成年雄性体长51-63厘米，尾长约26厘米，体重约15千克。头部棕灰色，身体背部呈暗巧克力色或暗褐色，躯干上部和四肢的颜色比背面浅（浅褐色到橄榄色），腹面淡灰黄色。脸颊黝黑，额顶有一小撮独特的黄色"旋毛"，包含一个黑色的中央螺纹。耳暗褐色，眼睛周围皮肤光亮。尾相对较短，成年雄性尾较粗，尾根到接近尾尖只略微变细，但在尾尖处突然变细，亚成年和青少年猴的尾则由尾根向尾尖均匀变细而呈鞭状。最鲜明的特点是脖子上有浅色的毛发，额头和面部有黑斑，眼睛上方有黑色条纹。

分布

    国内目前仅见于西藏南部的错那及其邻近的部分高海拔地区。国外分布于不丹、印度。

 国家重点保护野生动物 二级　 IUCN红色名录 EN　 CITES附录 附录II

藏酋猴

Macaca thibetana

哺乳纲 / 灵长目 / 猴科

形态特征

    中国猕猴属动物中体型最大的一种。体长61-72厘米。尾长7厘米左右。体重12-18千克。头大，颜面皮肤肉色或灰黑色，成年雌猴面部皮肤肉红色，成年雄猴两颊和下颏有似络腮胡样的长毛。头顶和颈毛褐色。眉脊有黑色硬毛。背部毛色深褐，靠近尾基黑色。

分布

    中国特有种。国内分布于中部和西南地区，东至浙江、福建，西至云南，北达秦岭南部，南界为南岭。

 国家重点保护野生动物 二级　 IUCN红色名录 NT　 CITES附录 附录II

喜山长尾叶猴

Semnopithecus schistaceus

哺乳纲 / 灵长目 / 猴科

形态特征

体纤细，以尾部长得名。体长58-64厘米。尾长100厘米以上。体重约20千克。体毛主要为黄褐色（有的毛色暗），额部有一些灰白色的毛，呈旋状辐射。面颊上有一圈白色的毛。头顶冠毛。颊毛和眉毛发达，眉毛向前长出，且很长。头部、面部、额部、喉部都长有白毛。

分布

国内分布于西藏的墨脱、亚东、樟木口岸和吉隆等地林区。国外分布于印度、尼泊尔、不丹、巴基斯坦等地。

 国家重点保护
野生动物
一级

 IUCN
红色名录
LC

 CITES
附录
附录 I

印支灰叶猴

Trachypithecus crepusculus

哺乳纲 / 灵长目 / 猴科

形态特征

　　体长约50厘米。尾长超过80厘米。体重6-10千克。身体和尾毛发都为亮灰色，腹部颜色更浅，新生儿为淡黄色。面部皮肤为深灰色，眼睛周边和嘴唇的皮肤缺乏色素，形成白色的眼圈和嘴斑，眼圈较窄，有时不明显。唇斑仅限于上下唇中部。头顶前部无"旋毛"，顶部有直立、尖锥状的簇状冠毛。脸颊毛发向两侧伸出，不卷曲。

分布

　　国内分布于云南耿马、孟连、勐腊、绿春、河口、屏边、景东、新平等地，怒江是其分布的西限。国外分布于缅甸南部、泰国北部、越南北部、老挝北部和中部。

 国家重点保护
野生动物
一级

 IUCN
红色名录
NE

 CITES
附录
附录Ⅱ

黑叶猴

Trachypithecus francoisi

哺乳纲 / 灵长目 / 猴科

形态特征

体纤瘦，头部较小，尾和四肢细长。体长为48-64厘米。尾长80-90厘米。体重8 10千克。头顶有一撮直立的黑色冠毛，枕部有2个"旋毛"。眼睛黑色。两颊从耳尖至嘴角处各有一道白毛，形状好似两撇白色的胡须。全身（包括手脚）的体毛均为黑色（少数个体有白化现象），背部较腹面长而浓密，所以又被叫乌猿。臀部的胼胝比较大，尾端有时呈白色。雌猴在会阴区至腹股沟的内侧有一块略呈三角形的花白色斑，使之成为区别雌雄的主要特征之一。

分布

国内分布于广西西南部、贵州铜仁麻阳河及重庆南川金佛山等地。国外分布于越南、老挝。

 国家重点保护
野生动物
一级

 IUCN
红色名录
EN

 CITES
附录
附录Ⅱ

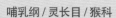

菲氏叶猴

Trachypithecus phayrei

哺乳纲 / 灵长目 / 猴科

形态特征

体长40-60厘米。尾长70-90厘米。体重5.7-9.1千克。身披银灰色毛发，新生儿为淡黄色。面部皮肤为深灰色。眼睛周围有明显的白色眼圈，眼眶内侧比外侧的褪色更为明显。白色唇斑延伸至鼻中隔。头顶前部有"旋毛"，顶部毛发向后倾斜，没有明显的尖锥状冠毛；脸颊毛发向前卷曲。前后足窄长，拇指（趾）短而其他指（趾）细长。

分布

国内分布存在争议。国外分布于孟加拉国东部、印度东北部、缅甸西部。

 国家重点保护
野生动物
一级

 IUCN
红色名录
EN

 CITES
附录
附录II

戴帽叶猴

Trachypithecus pileatus

哺乳纲 / 灵长目 / 猴科

形态特征

　　齿式2.1.2.3/2.1.2.3=32。性二型明显。雄性戴帽叶猴明显比雌性大。雄性头体长约62厘米，体重11.5-14千克；雌性体长约56厘米，体重9.5-11.5千克。头顶头发浓密，黑色或灰色，貌似戴帽，故得名。背侧通常覆盖着灰色、棕色或黑色毛发，腹部毛色鲜艳橙色到淡黄色。成年戴帽叶猴皮肤黑色，幼戴帽叶猴皮肤粉红色。幼戴帽叶猴毛发通常淡橙色，类似于成年戴帽叶猴胸部毛发颜色。

分布

　　国内主要分布于西藏东南部。国外分布于不丹、印度东北部、孟加拉国、缅甸北部。

 国家重点保护
野生动物
一级

 IUCN
红色名录
VU

 CITES
附录
附录 I

白头叶猴

Trachypithecus leucocephalus

哺乳纲 / 灵长目 / 猴科

形态特征

雌雄体型大小差别不甚显著。体长50-70厘米。尾长60-80厘米。体重8-10千克。与黑叶猴在形态和体型大小上都差不多。头部较小，躯体瘦削，四肢细长，尾长超过身体长度。体毛以黑色为主，与黑叶猴不同的是，头部高耸着一撮直立的白毛，形状如同一个尖顶的白色瓜皮小帽。颈部和两肩部为白色。尾的上半部为黑色，下半部为白色。手和脚的背面也有一些白色。

分布

中国特有种。分布于广西西南的左江以南和明江以北的崇左江州、扶绥、龙州、宁明共4个区（县）的范围内。

 国家重点保护
野生动物
一级

 IUCN
红色名录
CR

 CITES
附录
附录II

肖氏乌叶猴

Trachypithecus shortridgei

哺乳纲 / 灵长目 / 猴科

形态特征

体长109-160厘米。尾长70-120厘米。体重17-40千克。体银灰色。幼体橙色。手和足深灰色。尾颜色更深，直到尾尖。腿略呈淡灰色，下腹更灰。面部皮肤亮黑色，眼睛黄橙色。狭窄的黑色眉带在两侧末端上翘成"麦穗尖"，颊须在嘴角两边下弯成"麦穗尖"。

分布

国内主要分布于云南西北部贡山的独龙江河谷地带。国外分布于缅甸北部。

 国家重点保护
野生动物
一级

 IUCN
红色名录
EN

 CITES
附录
附录 I

滇金丝猴

Rhinopithecus bieti

哺乳纲 / 灵长目 / 猴科

形态特征

　　体长51-83厘米。尾长52-75厘米。体重9-17千克。皮毛以灰黑色、白色为主。头顶上有尖形黑色冠毛。眼周和吻鼻部青灰色或肉粉色。鼻端上翘呈深蓝色。身体背侧、手足和尾部均为灰黑色。背后具有灰白色的稀疏长毛。身体腹面、颈侧、臀部和四肢内侧均为白色。

分布

　　中国特有种。分布于川滇藏三省区交界处，喜马拉雅山南缘横断山系的云岭山脉中，澜沧江和金沙江之间一个狭小地域，包括云南丽江、德钦、维西、剑川、兰坪、云龙等县，以及西藏芒康县境内。

 国家重点保护
野生动物
一级

 IUCN
红色名录
EN

 CITES
附录
附录 I

黔金丝猴

Rhinopithecus brelichi

哺乳纲 / 灵长目 / 猴科

形态特征

体长67-69厘米。尾长84-91厘米。体重13-16千克，脸部皮肤浅蓝色。上、下眼睑和鼻中隔肉色。鼻翼灰蓝色。唇窄而光滑，粉红肉色，有不规则的青斑。成年个体全身毛色为黑褐色，其头顶、背部、体侧、四肢外侧直至尾部的毛色最深，呈较浓的黑褐色。肩部、胸部和腹部的毛色浅。胸部和腹部的毛稀而略短。面部毛短，白色有光泽。额部毛金黄色。

分布

中国特有种。仅分布于贵州境内武陵山脉的梵净山。

国家重点保护
野生动物
一级

IUCN
红色名录
EN

CITES
附录
附录 I

川金丝猴

Rhinopithecus roxellana

哺乳纲 / 灵长目 / 猴科

形态特征

体型中等。体长57-76厘米。尾长51-72厘米。雄性体重15-39千克，雌性体重6.5-10千克。鼻孔向上仰。颜面部为蓝色。无颊囊。颊部和颈侧棕红色。肩背具长毛，色泽金黄。

分布

中国特有种。分布于四川、甘肃、陕西、湖北。

 国家重点保护
野生动物
一级

 IUCN
红色名录
EN

 CITES
附录
附录 I

怒江金丝猴

Rhinopithecus strykeri

哺乳纲 / 灵长目 / 猴科

形态特征

体长约55厘米。尾长约78厘米。体重20-30千克。全身毛几乎全黑。头顶有一撮细长向前卷曲的黑毛。耳部和颊部有小撮白毛。面部皮肤呈淡粉色。下巴上有独特的白色胡须。会阴部为白色且容易分辨。

分布

国内仅分布于云南怒江傈僳族自治州高黎贡山国家级自然保护区。国外主要分布于缅甸克钦州东北部。

 国家重点保护
野生动物
一级

 IUCN
红色名录
CR

 CITES
附录
附录 I

西白眉长臂猿

Hoolock hoolock

哺乳纲 / 灵长目 / 长臂猿科

形态特征

体长45-65厘米。体重10-14千克。无尾，前肢明显长于后肢。雌雄异色，雄性褐黑色或暗褐色，具白色眼眉；雌性大部灰白色或灰黄色，眉毛浅淡。

分布

国内分布于西藏东南部。国外分布于孟加拉国、印度、缅甸。

 国家重点保护
野生动物
一级

 IUCN
红色名录
EN

 CITES
附录
附录 I

东白眉长臂猿

Hoolock leuconedys

哺乳纲 / 灵长目 / 长臂猿科

形态特征

齿式2.1.2.3/2.1.2.3=32。体长60-90厘米。体重6-9千克。无尾。雄性毛发黑色，雌性毛发乳白色，胸部和颈部有黑色毛发。毛发又厚又软。白色眉毛在雄性眼睛上方形成一条直线，雌性脸部黑色，镶着白色的毛须。眼睛、鼻孔和嘴唇精致。臂行性。躯干长。腿短。四肢又细又长，拇指和大脚趾对生。手指屈肌很短，手指钩状，有助于抓住树枝。静止状态下悬挂节省能量消耗。

分布

在中国分布存疑。国外分布于缅甸。

国家重点保护
野生动物
一级

IUCN
红色名录
VU

CITES
附录
附录 I

高黎贡白眉长臂猿

Hoolock tianxing

哺乳纲 / 灵长目 / 长臂猿科

形态特征

体长60-90厘米。体重6-8.5千克。无尾。雌雄异色，成年雄性黑褐色或暗褐色。有2条明显分开的白色眼眉。头顶的毛较长而披向后方，故头顶扁平，无直立向上的簇状冠毛，而与冠长臂猿属（*Nomascus*）相区别。虽然都有着标志性的白色眉毛，但高黎贡白眉长臂猿的眉毛不及东部白眉长臂猿厚重。雄性的下巴上没有和眉色配套的白胡子，而雌性的白眼圈也不及东部白眉长臂猿的浓密。

分布

中国特有种。分布于怒江以西的高黎贡山南段保山隆阳区、腾冲和德宏盈江。

 国家重点保护野生动物 一级　　 **IUCN 红色名录** EN　　 **CITES 附录** 附录 I

白掌长臂猿

Hylobates lar

哺乳纲 / 灵长目 / 长臂猿科

形态特征

体长42-64厘米。后肢长10-15厘米。体重4.2-6.8千克。无尾。全身体毛密而长，较为蓬松，两性均有暗、淡两种色型：暗色型毛色黑褐，阴毛黑棕色；淡色型呈淡黄色或奶油黄色，阴毛红棕色。不同亚种之间色泽有所变化。颜面部为棕黑色，其边缘经面颊到下颌有一圈白毛形成的白色面环，把脸部勾勒得十分醒目，雌性面环近似封闭，雄性多不封闭（被白色眉纹断开）。手、足从腕部和踵部以下的毛色均很淡，远望时近似白色，故称白掌长臂猿。

分布

国内分布于云南西南部的沧源、西盟和孟连等县。国外分布于缅甸、泰国、马来西亚和印度尼西亚的苏门答腊岛等地。

国家重点保护
野生动物
一级

IUCN
红色名录
EN

CITES
附录
附录 I

西黑冠长臂猿

Nomascus concolor

哺乳纲 / 灵长目 / 长臂猿科

形态特征

体长40-55厘米。体重7-10千克。前肢明显长于后肢。无尾。被毛短而厚密。雄性全为黑色，头顶有短而直立的冠状簇毛；雌性体背灰黄色、棕黄色或橙黄色，头顶有菱形或多角形黑褐色冠斑。胸腹部浅灰黄色，常染有黑褐色。

分布

国内分布于云南的西部、南部和中部地区，包括沧源、耿马、双江、永德、临沧、云龙、绿春、屏边、河口、金平、红河、元阳、新平和景东等地。国外分布于越南和老挝西北部。

 国家重点保护野生动物 一级　 IUCN 红色名录 CR　 CITES 附录 附录 I

东黑冠长臂猿

Nomascus nasutus

哺乳纲 / 灵长目 / 长臂猿科

形态特征

体长40-55厘米。体重7-10千克。前肢明显长于后肢。无尾。被毛短而厚密。雄性全为黑色，胸部有部分浅褐色毛，头顶冠毛不长；雌性体背灰黄色、棕黄色或橙黄色。脸周有白色长毛。头顶冠斑面积较大，通常能超过肩部，达到背部中央。

分布

国内分布于广西西南部靖西县与越南北部重庆县（Trung Khanh）相连的一片喀斯特森林中。国外分布于越南北部地区。

 国家重点保护
野生动物
一级

 IUCN
红色名录
CR

 CITES
附录
附录 I

海南长臂猿

Nomascus hainanus

哺乳纲 / 灵长目 / 长臂猿科

形态特征

　　中型猿类。体长40-50厘米。体重7-10千克。前肢明显长于后肢。无尾。两性间毛色差异很大：雄性全身为黑色，顶多在嘴角边有几根白毛，头上有一簇毛；雌性毛色从黄灰色到淡棕色，头顶部和腹部有一黑斑。

分布

　　中国特有种。仅分布在海南昌江和白沙交界的霸王岭林区。

 国家重点保护
野生动物
一级

 IUCN
红色名录
CR

 CITES
附录
附录 I

北白颊长臂猿

Nomascus leucogenys

哺乳纲 / 灵长目 / 长臂猿科

形态特征

　　体长45-62厘米。体重5-7千克。腿短。手掌比脚掌长，手指关节长。体纤细，肩宽而臀部窄。有较长的犬齿。体毛长而粗糙。雄性以黑色为主，混有不明显的银色，面颊的两旁从嘴角至耳的上方各有一块白色或黄色的毛；雌性体毛为橘黄色至乳白色，腹部没有黑色的毛。

分布

　　中国、越南、老挝三国交界地区的特有种。国内仅分布于云南南部。国外分布于越南北部红河流域马江以西和老挝北部湄公河以东。

国家重点保护
野生动物
一级

IUCN
红色名录
CR

CITES
附录
附录 I

印度穿山甲

Manis crassicaudata

哺乳纲 / 鳞甲目 / 鲮鲤科

形态特征

体长45-75厘米。尾长33-45厘米。体重4.7-9.5千克。雄性通常比雌性大。头部小而呈三角形。无牙齿。舌长23-25.5厘米。外耳小。体细长。背侧覆盖着15-18列鳞片，尾部覆盖着14-16列鳞片。鳞片黄棕色或黄灰色，由毛发融合而成。鳞片重占体重的1/4到1/3。腹面自下颌至尾基和四肢内侧无鳞甲，着生稀疏毛发。5趾，其中第二、三、四趾具长爪。尾尖底面亦被鳞片覆盖。肛腺分泌一种恶臭黄色液体。

分布

国内分布有待证实，目前主流观点认为不分布于中国。国外分布于印度、尼泊尔、巴基斯坦和斯里兰卡。

 国家重点保护野生动物 一级　　 **IUCN 红色名录** EN　　 **CITES 附录** 附录 I

马来穿山甲

Manis javanica

哺乳纲 / 鳞甲目 / 鲮鲤科

形态特征

体长40-62厘米。体重2-6千克。外部形态与穿山甲较相似，非专业人士很难区别。但体更修长，除腹面和四肢内侧披稀疏毛发外，其余部分均披覆瓦状鳞甲，甲间杂生有束状硬毛露出甲外，围绕体背和体侧的鳞片列数17-19列。头小圆锥状，鼻吻部尖细。无牙齿。舌长，通常在20厘米以上。眼小。外耳瓣状不发达，比穿山甲的更小。尾长30-53厘米，长于穿山甲的尾；尾侧缘鳞片20-30枚，比穿山甲的多。四肢短而粗壮，前后肢均有5趾，第二、三、四趾爪强大、锐利，但前肢中爪短于穿山甲，没有穿山甲强大。

分布

国内分布于云南（勐腊、孟连、盈江）。国外分布于新加坡、文莱、缅甸、老挝、泰国、越南中部和南部、柬埔寨、马来西亚半岛，以及印度尼西亚的苏门答腊岛、爪哇岛和加里曼丹岛。

 国家重点保护野生动物 一级　　 **IUCN 红色名录** CR　　 **CITES 附录** 附录 I

穿山甲

Manis pentadactyla

哺乳纲 / 鳞甲目 / 鲮鲤科

形态特征

体长33-59厘米。体较细长。背面自额直到尾部的背面、腹面和四肢外侧均被覆瓦状鳞甲，似鱼鳞排列，故又称为鲮鲤。鳞甲间夹有数根刚毛，鳞片多为黑褐色和棕褐色两种类型。体背侧鳞与体轴平行，15-18列，腹面自下颚至尾基和四肢内侧无鳞而着生毛发。头小，圆锥状。无牙齿。舌长，通常在20厘米以上。眼小。外耳瓣状，不发达。尾长21-40厘米。扁平，背部略隆起，尾侧缘鳞片14-20枚。四肢短而粗壮，前后肢均有5趾，爪强大、锐利，特别是前肢第二、三、四趾有强大的挖掘能力。

分布

国内主要分布在广东、广西、海南、云南、湖南、台湾、湖北、安徽、福建、浙江、贵州、四川、重庆、西藏、香港、江苏、上海、河南、江西。国外少数见于尼泊尔，不丹南部，印度北部和东北部，孟加拉国西北、东北和东南部，缅甸北部和西部，老挝北部，越南北部，泰国西北部等。

国家重点保护野生动物 一级

 IUCN 红色名录 CR

 CITES 附录 附录 I

狼

Canis lupus

哺乳纲 / 食肉目 / 犬科

形态特征

狼是全世界犬科动物中体型最大的物种。头体长87-130厘米。尾长35-50厘米。雄性体重20-80千克，雌性体重18-55千克。不同区域种群或亚种间体型存在较大差异。与其他犬科动物相比，狼的吻鼻部相对比例较长，双耳和双眼朝向正前方。作为一种大型犬科动物，狼的四肢相对身体的比例较长。狼的典型毛色为沾棕的灰色，但具有多种多样的毛色变化，包括棕黄色、棕灰色和灰黑色，通常背部毛色较深而腹部稍浅。冬毛比夏毛更为浓密、厚实，毛色通常更深。尾毛蓬松，尾上的毛色较为均一。

分布

狼广泛分布于北半球欧亚大陆大部与北美洲大陆北部。在我国，狼历史上曾经广布于除台湾、海南以外的各省区，但其当前的分布区则大为缩减，主要集中在青藏高原至蒙古高原及周边地区，包括新疆、西藏、青海、四川、甘肃、宁夏、陕西、内蒙古，以及东北部分地区。

 国家重点保护
野生动物
二级

 IUCN
红色名录
LC

 CITES
附录
附录Ⅱ

亚洲胡狼

Canis aureus

哺乳纲 / 食肉目 / 犬科

形态特征

亚洲胡狼为中等体型的犬科动物。头体长74-105厘米。尾长20-26厘米。体重6.5-15.5千克。体型似豺而略显纤细，吻部较尖长，尾毛蓬松。背部、体侧和尾毛棕黑色，尾尖黑色。四肢外侧和头部毛色浅棕红。头吻部两侧、喉部至胸腹和四肢上部内侧污白色，与背侧毛色对比明显。双耳直立，呈三角形，内侧具较长的白毛。

分布

亚洲胡狼广泛分布在非洲、亚洲的广大地区。在我国，亚洲胡狼于2018年首次被记录于西藏吉隆县的喜马拉雅山脉南坡。

 国家重点保护
野生动物
二级

 IUCN
红色名录
LC

 CITES
附录
附录III

豺

Cuon alpinus

哺乳纲 / 食肉目 / 犬科

形态特征

豺是中等体型的犬科动物，头体长80-113厘米。尾长32-50厘米。雄性体重15-21千克，雌性体重10-17千克。身体背部与体侧的毛色为砖红色或棕红色至红褐色，腹部毛色稍浅；嘴周和下颌具白毛。头吻部较短，双耳较圆，相对头部比例较大，耳郭内侧为白色。耳背面与颈、背部毛色一致，区别于赤狐（赤狐双耳背面为黑色）。尾毛长而蓬松，为灰黑色至黑色，与身体毛色对比明显。

分布

广泛分布于中亚、南亚、东南亚、东亚与俄罗斯，但分布区分为多片，之间可能存在不同程度的隔离。历史上，豺曾分布于中国除台湾与海南之外的大部分省区；近30年来，仅有少量确认的分布记录。豺当前在中国境内的具体分布区未有系统研究与报道，推测可能呈高度破碎化分布。在华东、华中、华南的大部分地区，豺可能已经区域性灭绝。近年来确认的记录主要来自于我国西部与西南部，散见于甘肃南部和西部，四川中部和西部，新疆，陕西南部，云南南部、西部和西北部，西藏东南部，青海部分地区。

 国家重点保护
野生动物
一级

IUCN
红色名录
EN

 CITES
附录
附录II

貉

Nyctereutes procyonoides

哺乳纲 / 食肉目 / 犬科

形态特征

貉头体长49-71厘米。尾长15-23厘米。体重3-12.5千克。整体形态更类似于浣熊而不是典型的犬科动物，主要是由于其身体矮壮，四肢与尾均较短，双耳小而圆，头吻部较短，且具有黑色或棕黑色"眼罩"。从正面看，貉的两眼周围为黑色，双耳也为黑色，而额部和吻部为白色或浅灰色，毛色的明显对比形成深色"眼罩"状的面部特征，与浣熊相似。貉两颊至颈部的毛发较长，形成明显的环颈鬃毛。身体和尾的毛发为棕灰色，毛尖黑色；四肢和足的毛色为较暗的棕黑色。尾长小于头体长的1/3，尾毛长而蓬松。

分布

历史上广泛分布于东亚与东北亚，包括日本列岛与库页岛，并被人为引入欧洲。在我国，广泛分布于东北经华北至华中、华东、华南与西南的广大地区。

 国家重点保护
野生动物
二级

 IUCN
红色名录
LC

 CITES
附录
未列入

《国家重点保护野生动物名录》备注：仅限野外种群

沙狐

Vulpes corsac

哺乳纲 / 食肉目 / 犬科

形态特征

沙狐为中等体型的狐狸，头体长45-60厘米。尾长19-34厘米。雄性体重1.7-3.2千克，雌性体重1.6-2.4千克。尾长约为头体长之半。整体毛色从灰白、沙黄至棕灰，胸部与四肢内侧基部为白色。耳短，耳后灰白色，尾尖黑色，区别于赤狐。

分布

主要分布在欧亚大陆中部，即中亚至蒙古高原的干旱、半干旱地带，西至里海沿岸，东至蒙古高原东侧和兴安岭。在我国，主要分布在北方部分省区，包括新疆、青海、甘肃、宁夏、内蒙古。

 国家重点保护野生动物 二级　　 IUCN红色名录 LC　　 CITES附录 未列入

藏狐

Vulpes ferrilata

哺乳纲 / 食肉目 / 犬科

形态特征

　　藏狐为体型矮壮的狐狸。头体长49-70厘米。尾长22-29厘米。雄性体重3.2-5.7千克，雌性体重3-4.1千克。背部毛色为浅棕红色，腹部白色，体侧为较宽的铅灰色至银灰色。吻部、头部、颈部和四肢均为棕红色。冬毛比夏毛更长、更密实，且体侧的银灰色区块更明显。两耳较小，耳背为浅棕色，耳郭内毛色白。尾毛长而蓬松，前1/2至2/3为铅灰色，末端1/3至1/2为灰白色。尾长略短于头体长的一半。与同域分布的赤狐相比，藏狐脸部正面更为宽扁（从正面看头部外廓略呈长方形），双耳更小，身体更为矮壮，四肢相对身体比例更短。

分布

　　藏狐为青藏高原特有种。在我国，藏狐分布在青藏高原及周边，包括青海、甘肃、四川西部、云南、西藏、新疆。国外见于尼泊尔和印度部分地区。

 国家重点保护
野生动物
二级

 IUCN
红色名录
LC

 CITES
附录
未列入

赤狐

Vulpes vulpes

哺乳纲 / 食肉目 / 犬科

形态特征

赤狐是体型最大的狐狸。具有相对细长的四肢。雄性比雌性体型更大：雄性头体长59-90厘米，体重4-14千克；雌性头体长50-65厘米，体重3.5-7.5千克。尾长28-49厘米。赤狐毛色变异较大，从黄色、棕色至暗红色均有，偶见黑色型个体；人工饲养、培育的还有白色（银狐）与黑色（黑狐）品系的赤狐，在野外可偶见逃逸或人为放生的个体。常见的野生赤狐通常背面毛色为红棕色，肩部和体侧为棕黄色，腹面为白色。尾长大于头体长的一半，尾毛蓬松，颜色与体色相近，但尾尖为白色。冬毛比夏毛更为密实，毛色更浅。吻部长而尖，双耳三角形直立，耳背黑色。在青藏高原上，与同域分布的藏狐相比，赤狐四肢相对身体的比例更长，耳更大，吻部也更长。另一个与藏狐不同的显著特征是，赤狐双耳的背面为黑色或棕黑色。

分布

赤狐是全球分布范围最广的陆生食肉动物，遍布北半球欧亚大陆（除东南亚热带区）和北美洲大陆，并被人为引入大洋洲大陆等地。在我国，赤狐历史上广泛分布于除台湾、海南以外的各省区，但其当前的具体分布范围缺乏系统研究，在华北山地（例如山西、河北）、青藏高原至横断山脉（例如西藏、青海、四川西部、云南西北部）、蒙古高原（例如内蒙古）和西北地区（例如新疆）仍较为常见。

 国家重点保护野生动物
二级

 IUCN
红色名录
LC

 CITES
附录
附录III

懒熊

Melursus ursinus

哺乳纲 / 食肉目 / 熊科

形态特征

　　雌性体重55-95千克，雄性体重80-140千克。成年雄性肩高60-90厘米。体型瘦长。额部被覆黑色短毛，脸部眼睛以下被覆灰黄棕色短毛，显得光秃。白齿宽而平。舌头长而大。鼻长，鼻孔可以关闭。被毛长、粗糙、蓬松，颈部有鬃毛。背部被毛纯黑。有个体被毛杂有棕色和灰色毛发。胸部有一个白色、黄色或栗色毛发组成的"U"或"Y"形斑块。四肢粗壮，爪大，锋利。

分布

　　国内分布于西藏。国外分布于印度和斯里兰卡，孟加拉国、尼泊尔和不丹也有少量分布。

国家重点保护
野生动物
二级

IUCN
红色名录
VU

CITES
附录
附录 I

马来熊

Helarctos malayanus

哺乳纲 / 食肉目 / 熊科

形态特征

马来熊为全世界熊科动物中体型最小者。头体长100-140厘米。尾长3-7厘米。雄性体重34-80千克，雌性体重25-50千克。与其他熊科动物（例如亚洲黑熊、懒熊）相比，马来熊体型瘦小，四肢相对身体比例较长，头部较小，吻部短，全身被毛短而柔软。整体毛色为黑色，吻部和颊部通常为污白色至浅黄色，双耳非常小。胸部具一块大型的白色至乳黄色块斑，边缘清晰，形状多变，可作为个体识别的依据。四肢修长，爪甚长。具极长的舌，可灵活舔取昆虫和蜂蜜。

分布

马来熊为典型的热带物种。在中国，马来熊近年来在云南西部和西藏东南部有确认记录。国外历史上广泛分布于东南亚的中南半岛、苏门答腊岛和加里曼丹岛；现分布区退缩严重，且甚为破碎，见于印度东北部、孟加拉国、缅甸、泰国、柬埔寨、老挝、越南、马来西亚、文莱、印度尼西亚。

 国家重点保护
野生动物
一级

 IUCN
红色名录
VU

 CITES
附录
附录 I

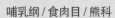
棕熊

Ursus arctos

哺乳纲 / 食肉目 / 熊科

形态特征

　　棕熊为体型壮硕的熊科动物。雄性头体长160-280厘米，体重135-725千克；雌性头体长140-228厘米，体重55-277千克。尾长6.5-21厘米。棕熊是在我国分布的体型最大的陆生食肉动物，但不同地理种群或亚种间体型具有较大变异。其中，在青藏高原、蒙古高原地区分布的棕熊亚种体型相对较小。棕熊的毛色多变，包括灰黑色、棕黑色、深棕色、棕红色、浅棕黄色和灰色，偶见白化个体。在青藏高原及周边地区分布的棕熊，不管主体基调是什么颜色，通常毛色显得斑驳，四肢色深，身体和头部色浅，许多个体颈部一周有白色或污黄色的浅色带，并会延伸至肩部和胸部，但其尺寸变化很大，在部分个体中甚至完全缺失。棕熊肩部具有发达的肌肉，使得其肩部外观高高隆起，是与黑熊的最显著区别特征之一。此外，与黑熊相比，棕熊的头部相对身体比例更为硕大，吻部更长，四肢更为粗壮，爪也更长。

分布

　　棕熊是全世界熊科动物中分布范围最广的物种。包括北半球欧亚大陆大部、北美洲大陆北部和西部。在我国，棕熊现今主要分布在东北地区、青藏高原及周边高于或接近树线的区域，以及西北天山至中亚高原地区，包括黑龙江、吉林、辽宁、内蒙古、新疆、甘肃、青海、西藏、四川、云南。

 国家重点保护
野生动物
二级

 IUCN
红色名录
LC

 CITES
附录
附录 I

黑熊

Ursus thibetanus

哺乳纲 / 食肉目 / 熊科

形态特征

　　黑熊是毛色以黑色为主的大型熊科动物。雄性头体长120-190厘米，体重60-200千克；雌性头体长110-150厘米，体重40-140千克。尾长5-16厘米。整体毛色为黑色，在东南亚地区偶见棕色或金黄色的毛色变异。头吻部灰黑色至棕黑色。成年个体颈部具有浓密的黑色长毛，形成一圈或两个半圆形的明显的鬃毛丛，使得其颈部看起来十分粗壮。最显著的形态特征是胸部具有一个显眼的"V"字形白斑，因其形状近似新月，有时也被称为月熊。胸部白斑的大小与形状具有个体特异性，可用作黑熊个体识别的标志。黑熊身体结实壮硕，四肢较短但强壮有力，具有宽大的足掌与长爪，双耳较圆。相对于体长，其尾较短，甚不显眼。

分布

　　黑熊历史上广泛分布于亚洲的热带、亚热带与温带地区，但现今只呈片段化地分布于东亚、东南亚、南亚和中亚的部分地区，包括俄罗斯、日本、朝鲜、韩国、中国、越南、老挝、柬埔寨、泰国、缅甸、孟加拉国、不丹、尼泊尔、印度、巴基斯坦、阿富汗、伊朗。在我国，黑熊目前主要分布在东北、华中与西南（大横断山、云贵高原至喜马拉雅山脉），华东、华南地区的黑熊种群已呈高度破碎化的零星分布；在近陆岛屿上，台湾中央山脉仍有野生种群分布，但海南的原有种群已接近灭绝或已经灭绝。

 国家重点保护
野生动物
二级

 IUCN
红色名录
VU

 CITES
附录
附录Ⅰ

大熊猫

Ailuropoda melanoleuca

哺乳纲 / 食肉目 / 熊科

形态特征

　　大熊猫是体型结实的大型熊类。头体长120-180厘米。尾长8-16厘米。成年雄性体型大于雌性，雄性体重85-125千克，雌性体重70-100千克。毛色为分明的黑白两色，头部大而圆，与其他熊类物种相比头吻部较短而钝。大熊猫的四肢、肩部、耳和眼圈为黑色，身体其余部分为白色。在陕西秦岭地区，分布有罕见的棕色型大熊猫。与普通黑白色型相比，棕色型大熊猫身体上的黑色部分变为浅棕色或咖啡色。大熊猫幼年个体与亚成体的体色与成体相仿，但体型更圆。

分布

　　中国特有种。化石记录显示其历史上广泛分布于华南、华东、华中至西南地区，北至华北中部。现今分布于中国西南地区3个省（陕西、甘肃、四川）内的6大山系（秦岭、岷山、邛崃山、大相岭、小相岭、凉山），分布区高度破碎化。

 国家重点保护
野生动物
一级

 IUCN
红色名录
VU

 CITES
附录
附录 I

小熊猫

Ailurus fulgens

哺乳纲 / 食肉目 / 小熊猫科

形态特征

　　小熊猫是形似浣熊的小型食肉目动物。头体长51-73厘米。尾长28-54厘米。体重3-6千克。整体毛色为红棕色，具有一条粗长的尾，尾长超过体长之半。四肢和腹面的毛色比背面更深，为棕黑色。尾是小熊猫最明显的特征之一，蓬松粗壮且较长，上面有多个深色的环纹。头部较圆，吻部较短。双耳较大，呈三角形竖起，耳缘具白毛。脸颊、吻部和眼周均具白毛，眼下至嘴基具两条深色带，从而形成独特的"眼罩"状面部斑纹。分布于怒江以西至喜马拉雅山脉的小熊猫指名亚种（*A. f. fulgens*）毛色更浅，尤其是面部与头部毛色总体呈现较浅的污黄色或棕黄色，与怒江以东的东部亚种（*A. f. styani*）差异较大。

分布

　　分布于喜马拉雅山脉东段至横断山脉的狭长区域内，分布区包括尼泊尔、印度北部、不丹、缅甸和中国西南地区的山地森林区域。在中国，小熊猫分布于四川北部与西部的岷山、邛崃山、凉山、大相岭与小相岭山系，以及云南西北部和西藏东南部。

 国家重点保护
野生动物
二级

 IUCN
红色名录
EN

 CITES
附录
附录Ⅰ

黄喉貂

Martes flavigula

哺乳纲 / 食肉目 / 鼬科

形态特征

　　黄喉貂为大型鼬科动物。头体长45-65厘米。尾长37-45厘米。体重1.3-3千克。具有一条显眼的粗大尾，尾长可达头体长的70%-80%。与其他鼬科动物相比，黄喉貂四肢相对身体的比例较长，后肢较前肢更长且更为粗壮。黄喉貂具有鲜亮的独特毛色，易于识别：头部、枕部、臀部、后肢和尾为黑色至棕黑色，而喉部、肩部、胸部和前肢上部则为对比显著的亮黄色至金黄色，下颌和颊部为白色或黄白色。整体毛色呈现头尾黑、中间亮黄的模式，因此在中国西南的部分地区，被当地人俗称为两头黑。

分布

　　广泛分布于俄罗斯东部至中国东北，并经华中、华南延伸至东南亚、喜马拉雅山脉和印度次大陆北部的广大地区，以及近陆大型岛屿，包括俄罗斯、朝鲜半岛、中国、越南、柬埔寨、老挝、泰国、缅甸、马来西亚、印度尼西亚、尼泊尔、印度、孟加拉国、不丹、巴基斯坦、阿富汗。在我国，黄喉貂分布于东北、华中、华南、华东、西南的广大地区。

 国家重点保护
野生动物
二级

 IUCN
红色名录
LC

 CITES
附录
附录III

石貂

Martes foina

哺乳纲 / 食肉目 / 鼬科

形态特征

石貂是中等体型的鼬科动物。头体长40-54厘米。尾长22-30厘米。体重1.1-2.3千克。四肢相对身体比例较短，身体粗壮而头颈部相对细长，双耳小而圆，常不明显。毛色为暗棕色至巧克力色，毛长而蓬松。头部毛色通常比身体更浅，四肢下部则比身体颜色更深。从喉部延至胸部有一块明显的大型白斑，白斑中央通常有一块较小的深色斑块或斑点。尾毛蓬松，尾长约为头体长的一半。

分布

石貂广泛分布于欧亚大陆的欧洲南部至中亚和青藏高原地区，其分布区从欧洲西部与中部，经中亚，向东延伸至青藏高原、蒙古高原和华北。被人为引入至北美洲的威斯康星等地。在我国，石貂主要分布于青藏高原及周边的云南西部、四川西部、甘肃、宁夏、青海、西藏，西北的新疆，以及陕西、山西、河北、辽宁、内蒙古的部分区域。

 国家重点保护
野生动物
二级

 IUCN
红色名录
LC

 CITES
附录
附录III

紫貂

Martes zibellina

哺乳纲 / 食肉目 / 鼬科

形态特征

　　紫貂为中等体型的鼬类。头体长35-56厘米。尾长11.5-19厘米。雄性体重0.8-1.8千克，雌性体重0.7-1.6千克。身体较为粗壮，尾较为蓬松，尾长约为头体长的1/3。整体毛色从浅黄褐色到黑褐色，头部略呈淡灰白色；四肢和尾毛色更深；喉部至前胸多为淡黄色至浅橘黄色。冬毛长而柔软、光滑，夏毛更短更粗糙，毛色更深。耳郭大而圆，较为明显。

分布

　　紫貂广泛分布于欧亚大陆从乌拉尔山脉经西伯利亚至远东太平洋沿岸的广大寒带、亚寒带地区，以及库页岛、北海道等近陆大型岛屿；分布区包括俄罗斯、哈萨克斯坦、蒙古、中国、朝鲜半岛、日本。我国为紫貂的边缘性分布区，见于黑龙江、吉林、辽宁、内蒙古和新疆阿尔泰山地区。

 国家重点保护
野生动物
一级

 IUCN
红色名录
LC

 CITES
附录
未列入

貂熊

Gulo gulo

哺乳纲 / 食肉目 / 鼬科

形态特征

貂熊为体型最大的陆生鼬类（鼬亚科）动物。头体长65-105厘米。尾长17-26厘米。雄性体重11-18千克，雌性体重6.5-15千克。貂熊体型结实，四肢短而粗壮，头似熊，尾蓬松。全身被粗糙长毛，整体毛色暗棕色至棕色，四肢毛色更深；身体两侧从肩部沿体侧至尾基，有亮棕色至棕黄色的浅色带。头部有时毛色稍浅。胸部常具白色至乳白色块斑。

分布

貂熊广泛分布在北半球欧亚大陆和北美洲大陆北部的寒带与亚寒带地区，包括挪威、瑞典、芬兰、俄罗斯、中国、美国、加拿大。在中国，貂熊见于新疆、内蒙古、黑龙江3省区的北部。

 国家重点保护野生动物 一级　　 IUCN 红色名录 LC　　 CITES 附录 未列入

小爪水獭

Aonyx cinerea

哺乳纲 / 食肉目 / 鼬科

形态特征

小爪水獭是世界上体型最小的水獭物种。头体长36-47厘米。尾长22.5-27.5厘米。体重2.4-3.8千克。头部、背部、四肢和尾为均一的暗褐色，脸颊下部、喉部和胸部为灰白色。尾基部甚粗壮，但向后呈锥形逐渐变细。双耳较其他水獭物种更圆，眼睛也相对更大。爪较为退化，趾间部分具蹼。

分布

小爪水獭曾经广泛分布于我国多个省区，包括福建、广东、广西、贵州、四川、云南、西藏，以及台湾和海南，但近年来仅在云南西部的少数地点有确认记录。国外主要分布在热带与亚热带地区，包括南亚与东南亚（中南半岛、苏门答腊、加里曼丹岛及周边岛屿）。

 国家重点保护野生动物 二级　　 IUCN 红色名录 VU　　 CITES 附录 附录 I

水獭

Lutra lutra

哺乳纲 / 食肉目 / 鼬科

形态特征

又叫欧亚水獭。水獭为躯体较长而截面滚圆、四肢短小、尾粗壮的大型鼬科动物。雄性头体长60-90厘米，体重6-17千克；雌性头体长59-70千克，体重6-12千克。尾长33-47厘米。全身被有厚实浓密的体毛。身体、四肢和尾的毛色为棕灰色至咖啡色，腹面和喉部较背部毛色更浅，呈污白色至白色。头部宽扁而圆，吻部较短。双耳较小，耳郭不明显。四肢相对身体显得短小，脚趾间具蹼，爪较为发达。尾呈锥形，粗壮有力。

分布

水獭是全世界分布范围最广的哺乳动物之一。分布区包括欧亚大陆大部、非洲大陆北部的部分地区，以及东南亚的部分岛屿。在中国，历史上水獭广泛分布于除北方、西北干旱半干旱荒漠区之外的大部分省区与近陆岛屿，但它们当前的分布范围缺乏系统研究，可能极度破碎化分布。过去10年间，零散的分布记录见于吉林、黑龙江、青海南部、西藏东部和北部、陕西南部、四川西部和北部、云南东北部、广东沿海岛屿、香港等地。

 国家重点保护
野生动物
二级

 IUCN
红色名录
NT

 CITES
附录
附录 I

江獭

Lutrogale perspicillata

哺乳纲 / 食肉目 / 鼬科

形态特征

齿式 3.1.4.1/3.1.3.2=36。头圆，鼻突出，裸露，鼻垫上缘平坦。嘴唇白色。耳小而圆。成年头体长达130厘米。体重7-11千克。皮毛像天鹅绒光滑，皮毛能防水，长1.2-1.4厘米；下有排列紧密的绒毛，长0.6-0.8厘米。背部毛浅棕色到深棕色，腹部毛灰色到浅棕色。蹼足，有蹼延伸到趾的第二个关节，爪锋利。尾扁平。

分布

国内分布于云南南部和西部边境，贵州部分地区和广东珠江口可能有少量分布。国外分布于南亚。

 国家重点保护
野生动物
二级

 IUCN
红色名录
VU

 CITES
附录
附录 I

大斑灵猫

Viverra megaspila

哺乳纲 / 食肉目 / 灵猫科

形态特征

　　大斑灵猫为身体壮实的大型灵猫。头体长72-85厘米。尾长30-37厘米。体重8-9千克。大斑灵猫具独特的斑纹：整体毛色为略沾浅棕的灰色至灰褐色，全身密布深色斑点；背脊中部具一条黑色纵纹，从枕后一直延伸至尾基，并进一步沿尾上部中线延至尾尖；尾具明显的黑色环纹（在尾的腹面中线处不闭合），尾尖几乎全黑；体侧的斑点大致排列为与背脊中线平行的数行，其中腰部至臀部靠近背脊的斑点有时相互连续形成纵纹；颈部两侧各具两条较宽的黑色纵纹。颈部粗壮，头部较大，四肢相对身体比例较长。

分布

　　我国为大斑灵猫的边缘性分布区，历史上曾记录于云南、广西、贵州，近年来则仅在云南南部西双版纳有确认记录。国外主要分布在东南亚的中南半岛，并沿克拉地峡延伸至马来半岛北部，包括越南、老挝、柬埔寨、泰国、马来西亚、缅甸。

 国家重点保护野生动物 一级　　 **IUCN 红色名录** EN　　 **CITES 附录** 未列入

大灵猫

Viverra zibetha

哺乳纲 / 食肉目 / 灵猫科

形态特征

　　大灵猫为亚洲最大的地栖灵猫（熊狸体型更大，但为树栖性）。体型似狗。头体长75-85厘米。尾长38-50厘米。体重8-9千克。吻部较尖，身体和颈部粗壮，尾粗大且具显眼的5-6条黑色环纹，尾尖黑。毛色灰至灰棕，体表密布不清晰的斑点且相互连接，使得这些斑点看上去十分模糊。腹部毛色略浅，灰棕色，不具斑纹。其最显著的形态特征包括颈部黑白相间的条纹（包括2条显眼的白色带状纹），背脊中央的黑色纵纹，以及尾上的黑色环纹（环纹之间毛色棕黄）。尾长大于头体长的一半。

分布

　　在我国，大灵猫历史上在长江以南和西南诸省区均有报道，但对其当前分布范围所知甚少。近年来确认的记录见于云南南部、四川南部、西藏东南部等少数几个地方，分布区破碎化严重。国外主要分布于东南亚中南半岛，并延伸至南亚东北部，包括越南、老挝、柬埔寨、缅甸、马来西亚、泰国、印度、孟加拉国、不丹、尼泊尔。

 国家重点保护野生动物 一级　　 **IUCN 红色名录** LC　　 **CITES 附录** 附录III

小灵猫

Viverricula indica

哺乳纲 / 食肉目 / 灵猫科

形态特征

　　小灵猫是中等体型的灵猫科动物。头体长45-68厘米。尾长30-43厘米。体重2-4千克。体纤细，四肢较短且后肢略长于前肢，吻部尖而突出，体表具斑点，尾粗长且具明显的黑色环纹。身体毛色灰色至灰棕色，四足色深近黑。体表密布呈纵向排列的深色斑点；在背部中央和两侧，这些斑点相互连接形成5-7条纵纹，从肩部延伸至臀部。尾具黑棕相间的环纹，尾尖毛色白。尾长大于头体长的一半。

分布

　　在我国，小灵猫广泛分布于长江流域及其以南、青藏高原以东的大部分省区的低海拔区域，包括江苏、湖北、湖南、陕西、江西、安徽、浙江、福建、广东、广西、贵州、重庆、四川、云南、西藏，以及台湾和海南。国外分布于东南亚与南亚大部，分布区包括越南、老挝、柬埔寨、泰国、马来西亚、印度尼西亚、缅甸、印度、孟加拉国、不丹、尼泊尔、巴基斯坦、斯里兰卡。被人为引入科摩罗、马达加斯加、坦桑尼亚、也门等地。

 国家重点保护
野生动物
一级

 IUCN
红色名录
LC

 CITES
附录
附录III

椰子猫

Paradoxurus hermaphroditus

哺乳纲 / 食肉目 / 灵猫科

形态特征

　　头体长42-71厘米。尾长33-66厘米。体重2-5千克。尾更细更长，体表有斑点。整体毛色为灰黑色至浅棕黄色。背部有纵向排成至少5列的暗色斑点，并在臀部融合成纵纹。尾、四肢和面部毛色灰黑；眼上方沿耳基至颈侧有一条较宽的灰白色纵纹，有时不甚明显。尾长与头体长大致相当。

分布

　　在我国，见于云南南部、广西、西藏东南部、海南。国外广泛分布于南亚与东南亚。

 国家重点保护
野生动物
二级

 IUCN
红色名录
LC

 CITES
附录
附录III

熊狸

Arctictis binturong

哺乳纲 / 食肉目 / 灵猫科

形态特征

　　熊狸为亚洲体型最大的灵猫科动物。头体长52-97厘米。尾长52-89厘米。体重9-20千克。身体壮实粗胖，四肢粗壮。全身被毛长而蓬松，整体毛色黑或棕黑，不具斑纹。头部毛色较淡偏灰。耳缘前部白，耳上有长毛簇。头大而吻短，双眼红褐色，吻部具发达的白色长须。尾长而粗壮，具缠绕抓握能力，在旧大陆哺乳动物中为唯一一例。

分布

　　熊狸分布于东喜马拉雅山脉南麓的印缅区至东南亚中南半岛、苏门答腊岛、爪哇岛、加里曼丹岛和巴拉望等部分其他岛屿，分布区包括孟加拉国、不丹、尼泊尔、印度、缅甸、柬埔寨、老挝、中国、越南、泰国、马来西亚、印度尼西亚、菲律宾。我国为熊狸的边缘性分布区，历史记录来自于云南和广西，而近年仅在云南南部和西部接近边境的部分地区有确认记录。

 国家重点保护　 IUCN　 CITES
野生动物　　　　红色名录　　　附录
一级　　　　　　VU　　　　　　附录III

小齿狸

Arctogalidia trivirgata

哺乳纲 / 食肉目 / 灵猫科

形态特征

　　头体长44-60厘米。尾长48-66厘米。体重2-2.5千克。毛短，黄褐色到浅黄色。头部和背部毛米黄色、棕灰色。腹部毛红褐色。头、耳、脚和尾毛深棕色至灰黑色。白色条纹从鼻端延伸到前额，背部有3条黑色或深棕色条纹或斑点带。依据形态划分为3个亚种：*A.t.trileneata*，*A.t.leucotis*和*A.t.trivirgata*。

分布

　　国内仅分布于云南南部。国外主要分布于东南亚地区。

 国家重点保护　 IUCN　 CITES
野生动物　　　　红色名录　　　附录
一级　　　　　　LC　　　　　　未列入

缟灵猫

Chrotogale owstoni

哺乳纲 / 食肉目 / 灵猫科

形态特征

又叫长颌带狸。缟灵猫为体纤细的灵猫。头体长56-72厘米。尾长35 49厘米。体重2.4-4.2千克。缟灵猫具有独特的斑纹，特征明显容易识别：整体基色为浅黄褐色至浅灰白色；背部有5条清晰的黑色宽横纹；颈部背面具2条明显的黑色纵纹，向后延伸至肩部，向前沿耳基内侧一直延伸至眼先和口鼻部成为2条细纵纹；脸部正面还具有1条从额部延伸至口鼻处的中央细纵纹；四肢外侧、体侧下部和颈侧具黑色斑点；尾基部具2个黑色环纹或半环纹，后半部黑色。颈部较长，头部极为狭长，吻部尖细，两眼大而外凸。双耳大且直立，耳内裸露无毛。

分布

缟灵猫分布于东南亚中南半岛东部，见于越南、老挝与中国，分布区可能仅限于湄公河（中国境内称澜沧江）以东。在中国仅见于云南南部（西双版纳）接近边境的部分地区，在广西西南部也可能有分布。

国家重点保护野生动物	IUCN红色名录	CITES附录
一级	EN	未列入

斑林狸

Prionodon pardicolor

哺乳纲 / 食肉目 / 林狸科

形态特征

头体长31-45厘米。尾长30-40厘米。体重0.6-1.2千克。与同域分布的体型相近的灵猫类物种相比，斑林狸的身体更纤细，颈部更长。其毛色为沙褐色至棕黄色，身体上散布明显的大型黑色斑。这些黑色斑沿背脊两侧大致呈平行排列，接近背脊的斑块尺寸最大，多近圆形，边缘清晰；臀部至尾部的黑色斑点有时可融合成类似中线的大块纵纹。颈部背面两侧的黑色斑延长为纵向条纹状，可后延至肩部。尾长与头体长相当，上面密布8-10个清晰的黑色环纹；尾尖浅色。

分布

在我国，分布于湖南、江西、广东、广西、贵州、云南、四川、西藏。国外主要分布于越南、老挝、泰国、缅甸、印度、尼泊尔、不丹等地。

国家重点保护野生动物	IUCN红色名录	CITES附录
二级	LC	附录 I

荒漠猫

Felis bieti

哺乳纲 / 食肉目 / 猫科

形态特征

荒漠猫体型大于普通家猫，头体长68-84厘米。尾长32-35厘米。体重6.5-9千克。整体毛色的基调为沙褐色至黄褐色，下颌和腹部为较浅的灰白色至白色。体侧具不明显的暗色棕纹，四肢各具若干较深的横纹。面部两侧的眼下至颊部各具2条棕褐色的横列条纹。尾毛蓬松，尾长短于头体长的一半，具有若干暗色的环纹，尾尖黑色。双耳为竖起的三角形，相对较长，耳尖具黑色毛簇。冬毛通常较夏毛颜色偏灰，也更为密实。

分布

中国特有种。分布区仅限于青藏高原东缘，包括青海东部、四川西北部和甘肃西南部。

 国家重点保护
野生动物
一级

 IUCN
红色名录
VU

 CITES
附录
附录II

丛林猫

Felis chaus

哺乳纲 / 食肉目 / 猫科

形态特征

　　头体长59-76厘米。尾长21-36厘米。体重2-16千克。吻部白色。耳大而尖。鼻梁有黑斑。耳背红棕色，耳尖有黑色簇毛。黑条纹从眼角延伸到鼻子两侧。被毛基调为沙色、红棕色或灰色，无斑点。头毛黑色，喉部苍白色，腹部毛色浅。前肢内侧有4-5个隐约可见的浅色环斑。有2-3个黑色环。有黑化和白化个体。

分布

　　我国为丛林猫的边缘性分布区。数量非常稀少，散布于西部，如云南、西藏、新疆等地。国外分布于亚洲中西部。

 国家重点保护
野生动物
一级

 IUCN
红色名录
LC

 CITES
附录
附录 II

草原斑猫

Felis silvestris

哺乳纲 / 食肉目 / 猫科

形态特征

　　头体长40-75厘米。尾长22-38厘米。雄性体重2-8千克，雌性体重2-6千克。整体形态与家猫类似或稍大，身形更显壮实，四肢较长。在我国分布的亚种，即亚洲野猫（*F. s. ornata*），整体毛色为浅黄色至沙黄色；腹面色浅；背部、体侧和四肢上部外侧密布深色的实心点斑；四肢上部正面具数条深色横纹。头圆，吻短，颊部具2条不甚明显的浅褐色条纹，双耳呈三角形直立，耳尖无毛簇。尾长，略上翘，末端具数个深色环纹，尾尖黑。野外亦可见与家猫之间存在不同程度杂交的个体，毛色与斑纹可出现多种变化。

分布

　　在我国，草原斑猫历史分布记录见于新疆、内蒙古、青海、甘肃、宁夏、陕西等多省区，近一二十年来仅在新疆与甘肃有确认记录。国外分布范围广大，见于非洲大部（除撒哈拉与刚果盆地及周边），欧洲中部与南部，亚洲西部经中亚至南亚。

 国家重点保护
野生动物
二级

 IUCN
红色名录
LC

 CITES
附录
附录II

渔猫

Felis viverrinus

哺乳纲 / 食肉目 / 猫科

形态特征

　　头体长65.8-85.7厘米。尾长25.4-28厘米。体重6.3-11.8千克。头长，脸部被短毛，胡须短。耳短而圆，背面黑色。耳内有白色长毛。被毛棕灰色。6-8条深色斑纹从头顶延伸至颈背，在肩部分裂成短条纹或斑点。腹部被毛长，有斑点，尾呈环状。爪有蹼。

分布

　　国内可能在西藏有分布，但有待证实。国外分布于中南半岛、印度、巴基斯坦、斯里兰卡、苏门答腊岛和爪哇岛。

 国家重点保护
野生动物
二级

 IUCN
红色名录
NE

 CITES
附录
附录 II

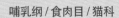

兔狲

Otocolobus manul

哺乳纲 / 食肉目 / 猫科

形态特征

兔狲体型比家猫略大。头体长45-65厘米。尾长21-35厘米。体重2.3-4.5千克。身体低矮粗壮，四肢明显较短，尾毛粗而蓬松。毛发非常浓密，毛尖白色，使得其整体毛色显得泛灰白色或银灰色。与其他猫科动物相比，兔狲的面部宽扁，额头扁平，两耳间距较大。前额具小的实心黑色斑点。眼周具明显的白色眼圈，从眼至颊部有一条白纹。体侧和前肢具模糊的黑色纵纹。尾具黑色环纹，尾尖黑色。冬毛比夏毛更长更浓密，毛色更浅。腹部长有粗糙的长毛，在冬季时甚至可接近地面。

分布

在中国，兔狲广泛分布于新疆、西藏、青海、甘肃、四川、宁夏、内蒙古、陕西、山西、河北。国外分布于伊朗、阿塞拜疆、阿富汗、哈萨克斯坦、吉尔吉斯斯坦、巴基斯坦、不丹、印度、尼泊尔、蒙古、俄罗斯。

 国家重点保护
野生动物
二级

 IUCN
红色名录
LC

 CITES
附录
附录II

猞猁

Lynx lynx

哺乳纲 / 食肉目 / 猫科

形态特征

　　猞猁为身体壮实的中等体型猫科动物。雄性头体长76-148厘米，体重12-38千克；雌性头体长85-130厘米，体重13-21千克。尾长12-24厘米。基础毛色为沙黄色至灰棕色，并分布有黑色或暗棕色的斑点（部分斑点十分模糊）。有些区域内的猞猁毛色较浅，斑点不明显。喉部和腹部毛色白色或浅灰色。猞猁区别于其他猫科动物最明显的形态特征是耳和尾：双耳直立，呈三角形，耳尖具黑色毛簇，耳背面具浅色斑；尾极短，尾尖钝圆且色黑。猞猁的四足宽大，足掌周围和趾间具较长的浓密毛丛。与其他猫科动物相比，猞猁的四肢比例较长。

分布

　　猞猁广泛分布于欧亚大陆北部，从欧洲有森林分布的山系到俄罗斯东部的北方针叶林，并延伸至中亚和青藏高原。在中国，猞猁分布于西北经华北至东北的北方地区和青藏高原，见于新疆、西藏、青海、甘肃、四川、内蒙古、河北、黑龙江、吉林、辽宁。

 国家重点保护
野生动物
二级

 IUCN
红色名录
LC

 CITES
附录
附录II

云猫

Pardofelis marmorata

哺乳纲 / 食肉目 / 猫科

形态特征

云猫体型比家猫稍大。头体长40-66厘米。尾长36-54厘米。体重3-5.5千克。头部较圆，相对身体比例较小。其整体斑纹特征类似于小号的云豹。身体毛色的基调为灰黄色至棕黄色，在背脊两侧至身体侧面分布有大块的黑色斑块，斑块呈外缘黑、中心渐浅的特征。背脊中央具断续黑纹。额部中央、四肢外侧和尾具众多的实心黑色斑点。尾毛长而蓬松，尾长几乎与头体长相当。与其他小型猫科动物不同，云猫在行走时尾大多保持一种平直的姿态，成为其独特的形态特征之一。

分布

云猫的分布范围包括东南亚（中南半岛与苏门答腊岛、加里曼丹岛）与喜马拉雅山脉东段南坡，包括中国、越南、老挝、柬埔寨、泰国、马来西亚、印度尼西亚、文莱、缅甸、印度、孟加拉国、不丹、尼泊尔。在中国，近一二十年来仅有少数几处确认的云猫分布记录，分布于云南南部和西部，以及西藏东南部人为干扰较少的热带与亚热带森林地区。

 国家重点保护
野生动物
二级

 IUCN
红色名录
NT

 CITES
附录
附录 I

金猫

Pardofelis temminckii

哺乳纲 / 食肉目 / 猫科

国家重点保护
野生动物
一级

IUCN
红色名录
NT

CITES
附录
附录 I

形态特征

中等体型的猫科动物。雄性头体长75-105厘米，体重12-16千克。雌性头体长66-94厘米，体重8-12千克。尾长42-58厘米。相比其他中小型猫科动物，金猫头部比例较大，尾较长，身体壮实。毛色和斑纹多变，最为常见的色型有两种：斑纹不明显的麻褐色型和具有豹斑花纹的花斑色型。前一种色型的金猫，背部和颈部毛色为深棕色至棕红色，腹面为白色至沙黄色；头部具有独特的斑纹，在额部和颊部长有对比明显的白色和深色条纹；腹部和四肢具有模糊的深色斑点或短斑纹，尤其在四肢内侧更为明显。后一种色型的金猫，全身被毛的基色为浅黄色至污白色，在体侧和肩部具有明显的花斑（似豹斑，边缘黑色或深棕色，中心浅棕色或棕黄色），尾背面有黑色横纹，背脊中央有深色的纵纹，四肢分布有实心的深色斑点和不规则斑块。同一种群中可以共存有不同色型的个体，但在不同地区的局域种群中，各色型的出现比例会有明显的不同：在陕西南部的秦岭山脉，几乎所有个体都是均一的麻褐色型；而在四川北部至甘肃南部的岷山山脉，麻褐色型与花斑色型个体的比例大体相当；在四川西部，则以花斑色型为最常见。在上述2种典型色型之间，也存在各种浅斑纹的过渡色型，例如偶见报道的灰色型、暗花斑色型等。在云南南部、西部和西藏东南部的热带森林中，金猫最常见的色型为红棕色型，整体毛色为亮棕红色，无明显斑纹。罕见的黑色型（即黑化个体）在西藏东南地区有记录，其毛色的基色变为黑色或灰黑色，在体表没有明显的斑点和斑纹。西藏东南为我国金猫色型最为丰富和复杂的地区。金猫的尾长大于头体长的一半，尾末段弯曲上翘，尾尖背面黑色，而腹面为对比明显的亮白色，这是金猫最为明显的识别特征之一。

分布

在我国，金猫历史上曾广布于华中、华东、华南、西南的广阔区域，但在过去半个世纪内分布范围急剧退缩，如今仅见于少数几个高度破碎化、呈孤岛状分布的栖息地斑块中。华东、华中、华南地区的金猫种群可能已经局域消失或接近灭绝，近年来确认的记录见于四川北部和西部、陕西南部、云南西部和南部、西藏东南部、甘肃。国外分布于越南、老挝、柬埔寨、泰国、马来西亚、印度尼西亚、缅甸、印度、孟加拉国、不丹、尼泊尔。

豹猫

Prionailurus bengalensis

哺乳纲 / 食肉目 / 猫科

形态特征

　　豹猫体型与家猫近似。头体长40-75厘米。雄性体重1-7千克，雌性体重0.6-4.5千克。其头部、背部、体侧和尾的毛色为黄色至浅棕色，而腹部为灰白色至白色。全身密布深色的斑点或条纹，面部具有从鼻子向上至额头的数条纵纹，并延伸至头顶和枕部。身体上布满大小不等的深色斑点或斑块，前肢上部和尾背面具横纹状深色条纹，肩背部具数条粗大的纵向条纹。冬毛比夏毛更为密实，斑纹颜色更深。尾粗大，尾长略等于头体长的一半，行走时常略上翘。北方豹猫体型更大，被毛更长更厚实，体表的斑点颜色较浅，较为模糊；而南方豹猫身体被毛更短，体表斑点与条纹的颜色更深、边缘更清晰，接近背脊的斑点较大，有时呈闭合或半闭合的环状斑块。

分布

　　在我国，豹猫见于除去北部、西部的干旱和高原区域以外的绝大部分省区，包括台湾与海南。国外广泛分布于中亚、南亚、东南亚、俄罗斯东部、朝鲜半岛。

 国家重点保护
野生动物
二级

 IUCN
红色名录
LC

 CITES
附录
附录II

云豹

Neofelis nebulosa

哺乳纲 / 食肉目 / 猫科

形态特征

　　云豹是中等体型的猫科动物。雄性头体长81-108厘米，体重17-25千克；雌性头体长68-94厘米，体重10-12千克。尾长60-92厘米。尾相对身体的比例较长，而头部较小。犬齿发达，上犬齿长度相对头骨的比例在现生猫科动物中为最大。雄性体型略大于雌性；后肢长于前肢，因此在平地上站立时，侧面呈现腰臀部弓起而肩部较低的姿态。云豹的毛色为浅黄色至灰棕色，体侧具形状不规则的大型块状斑纹。腹面白色，具黑色实心斑点。背部中央具2条黑色断续纵纹，延伸至尾基部；颈部背面具6条黑色纵纹。四肢具较大的黑色实心斑点。两耳较圆，耳背黑色。尾长于头体长的一半，具黑色的半环形斑纹。偶尔可见有黑化个体（即黑色型），其毛色的基色替换为黑色或灰黑色。

分布

　　云豹的分布范围从尼泊尔至东南亚大陆，并延伸至中国西南和华南。历史上，云豹在中国广泛分布于长江流域以南的广大地区。在过去半个世纪，中国境内云豹的分布区急剧缩减，近年来确认的分布区仅局限于云南南部和西部、西藏东南部的数个地点，安徽南部、江西北部、福建北部也可能有残存分布。

 国家重点保护
野生动物
一级

 IUCN
红色名录
VU

 CITES
附录
附录 I

豹

Panthera pardus

哺乳纲 / 食肉目 / 猫科

形态特征

在中国，豹是具有斑点花纹的体型最大的猫科动物。雄性体型大于雌性：雄性头体长91-191厘米，体重20-90千克；雌性头体长95-123厘米，体重17-42千克。尾长51-101厘米。豹的整体毛色为浅棕色至黄色或橘黄色，在背部、体侧和尾部密布显眼的黑色空心斑点。腹部和四肢内侧为白色。头部、腿部和腹部分布有实心的黑色斑点。黑色型个体（也称为黑豹）偶见报道，尤其在热带与亚热带森林生境中。在这些黑色型个体身上，黄色的皮毛底色被黑色或灰黑色所取代。豹的两耳较圆，在头顶相距较远。四肢相对身体的比例与其他猫科动物相比较短。尾较粗，尾长大于头体长的一半。尾尖通常不上翘，头部、面部和尾部的斑纹特征也不同。

分布

豹是世界上分布范围最广的野生猫科动物，分布区横跨欧亚大陆与非洲大陆。在中国，豹的分布范围在过去半个世纪中经历了严重的退缩，现今分布区严重破碎化，散布在东北、华北、西南，以及喜马拉雅山脉中段南坡；华东、华南、华中地区的豹可能已消失或接近区域性灭绝。近年来，豹在我国的吉林、陕西、河北、河南北部、陕西中部和南部、甘肃南部、青海南部、四川西部、云南南部，以及西藏东部和南部有记录。青藏高原东部（川西至青海西南部）可能拥有我国现存面积最大的原生栖息地，并拥有最大的野生豹种群。

 国家重点保护
野生动物
一级

 IUCN
红色名录
VU

 CITES
附录
附录 I

虎

Panthera tigris

哺乳纲 / 食肉目 / 猫科

形态特征

虎是世界上最大的猫科动物。雄性头体长189-300厘米，体重100-260千克（最高可达300千克以上）；雌性头体长146-177厘米，休重75-177千克。尾长72-109厘米。体表具明显的黑色条纹，极易辨识。虎的体型健壮，四肢粗壮有力，头部宽大且尾较长。其体表毛色的底色为锈黄色至橘黄色或浅棕红色，但腹部、四肢内侧和尾腹面的底色为白色或污白色。从背部至体侧有众多的黑色细条纹，并延伸至四肢和腹部。眼上部通常有一块白色区域，两耳背面各具一个明显的白斑。尾粗壮，长于头体长的一半，尾具黑色环纹。

分布

虎目前分布于印度次大陆、东南亚和东亚。历史上，中国境内虎分布于东北至华南、西南，以及西北新疆的广大地区，但其当前仅分布于中国与俄罗斯、印度、缅甸以及或许老挝交界的局部地区。

 国家重点保护
野生动物
一级

 IUCN
红色名录
EN

 CITES
附录
附录 I

雪豹

Panthera uncia

哺乳纲 / 食肉目 / 猫科

形态特征

　　雪豹是外形特征明显独特的大型猫科动物。雄性体型大于雌性：雄性头体长104-130厘米，体重25-55千克；雌性头体长86-117厘米，体重21-53千克。尾长78-105厘米。整体毛色为浅灰色，有时略沾浅棕色，全身散布黑色的斑点、圆环或断续圆环。与外形相近的豹（金钱豹）相比，雪豹典型的区别特征是体表毛色的基色为浅灰色至浅棕灰色，同时体型也较金钱豹小。雪豹腹部毛色白，双耳圆而小。尾长而粗大，覆毛蓬松，尾长与体长相当。与其他大型猫科动物相比，雪豹的四肢相对身体的比例显得较短。

分布

　　中国是雪豹种群数量和栖息地面积均为最多的国家，分布于西藏、青海、新疆、甘肃、宁夏、四川、云南、内蒙古。国外分布于蒙古、俄罗斯、哈萨克斯坦、塔吉克斯坦、吉尔吉斯斯坦、乌兹别克斯坦、阿富汗、巴基斯坦、印度、尼泊尔、不丹。

 国家重点保护
野生动物
一级

 IUCN
红色名录
VU

 CITES
附录
附录 I

北海狗

Callorhinus ursinus

哺乳纲 / 食肉目 / 海狮科

形态特征

雄性体长210厘米左右，体重约270千克；雌性体长150厘米左右，体重约50千克。吻部短，嘴下弯。鼻子小，眼睛大，触须长及耳。护毛长，下有绒毛。成年雄性体格健壮，脖子粗大。鬃毛粗糙；毛色灰色至黑色，或微红色至深棕色。成年雌性和亚成体深银灰色，腰部、胸部、两侧和颈部下侧奶油色至棕黄色。后肢处于跖行姿势，能旋转，以实现四足运动和支撑。

分布

主要分布于白令海峡、太平洋中一些群岛。国内偶见于黄海、东海和南海。

 国家重点保护
野生动物
二级

IUCN
红色名录
VU

CITES
附录
未列入

北海狮

Eumetopias jubatus

哺乳纲 / 食肉目 / 海狮科

形态特征

成年的北海狮相比其他海狮科物种肤色更浅，一般是淡黄色至淡棕色，偶尔有些红色。雌性北海狮比雄性的肤色稍浅。刚出生的北海狮几乎是纯黑色，几个月之后才褪色。不论雌雄，幼崽一般出生时体重为23千克左右，并在前5年迅速成长。5岁后，雌性长约250厘米，体重约300千克。但雄性可能在5-8龄时性发育完全之后才停止生长，到那时身长约330厘米，并且胸、颈和上身宽大，重量达到600-1000千克。雄性额头较宽，嘴部较平，颈部周围有一圈较黑、较松的毛，像一圈鬃毛。

分布

分布于沿美国加利福尼亚南部至日本环北太平洋。国内分布于渤海和黄海水域。

 国家重点保护
野生动物
二级

IUCN
红色名录
NT

CITES
附录
未列入

西太平洋斑海豹

Phoca largha

哺乳纲 / 食肉目 / 海豹科

形态特征

又叫斑海豹。雄性成体体长比雌性长，成兽体长151-176厘米。没有明显的颈部，没有外耳郭，前肢较小，后肢较大呈扇状。触须浅色，呈念珠状。被毛较少，其颜色因年龄不同而异。身体上部通常呈黄灰色，体背颜色比体侧和腹部颜色深，后者接近于乳白色。背部和体侧有大小1-2厘米的暗色椭圆形点斑，全身点斑分布和颜色深度十分平均，方向一般与身体长轴方向平行，有一些斑周围有浅色的环和不规则的块斑。

分布

主要分布于北太平洋的北部和西部海域及其沿岸和岛屿，斑海豹在全球有8个繁殖区：辽东湾（中国渤海）、符拉迪沃斯托克（俄罗斯）、鞑靼海峡（俄罗斯）、萨哈林岛东海岸（俄罗斯）延伸至北海道岛北部（日本）、舍利霍夫湾（俄罗斯西伯利亚海湾）、卡拉金湾至奥柳托尔斯基角（俄罗斯）、阿纳德尔湾（俄罗斯东部海湾）、布里斯托湾至普里比洛夫群岛（美国阿拉斯加州）。辽东湾种群是本种在全球分布最南的繁殖种群，也是唯一在中国繁殖的鳍足类物种。

在中国，主要分布于渤海和黄海北部，偶见于东海、南海。国内主要分布于3个栖息地：大连虎平岛、烟台庙岛和辽宁双台子河。近些年，总体上空间分布格局未发生明显变化。1982年对渤海海域斑海豹的数量估计不到2000头，估计目前种群数量不足1000头。该群体是在朝鲜半岛西侧白翎岛和中国黄渤海水域往复性迁移。大群5-10月栖息在韩国白翎岛，11月开始陆续穿越渤海海峡陆续进入辽东湾，一部分直接由老铁山水道通过，另一部分经庙岛的砣矶水道，在该处稍事停留后北上，次年5月以后斑海豹游出渤海，迁往韩国，也有绕过韩国向日本方向迁移的记录。有极少数个体常年栖息于黄渤海。栖息地环境破坏会影响斑海豹的分布。例如，双台河口斑海豹栖息的河岸生态环境正在遭到破坏，加上冰期的影响，2004年仅发现40头来此栖息，但是同时期，附近的营口地区斑海豹数量有所增加。

 国家重点保护野生动物 一级

 IUCN 红色名录 LC

 CITES 附录 未列入

《国家重点保护野生动物名录》备注：原名"斑海豹"

髯海豹

Erignathus barbatus

哺乳纲 / 食肉目 / 海豹科

形态特征

相较于其他海豹物种，髯海豹体型较大。成体体长达200-250厘米。具有明显的性别二态性，雄性体重达250-300千克，雌性可超过425千克。成体髯海豹的颜色为灰棕色，背面颜色较深，有时面部和颈部为红棕色，背面和侧面很少有斑点。幼崽出生时带有灰棕色的新生皮毛，背部和头部散布着白色斑点，面部和前鳍肢常为铁锈色。吻和两眼周围为灰色，有时在两眼之间有1条起自头顶的浅黑色条纹。前鳍肢相对较短，使身体显得更长。有4个可收缩的乳头，头骨厚实，宽而较短，无矢状嵴。其腭更弓更高，吻突部宽而圆。眼眶大，无眶上突。触须很多，长且密，呈淡色，潮湿时触须直，而干燥时其顶端向内卷曲。两鼻骨向后插入两额骨之间。鼓泡膨大，由外鼓骨和内鼓骨共同组成。乳突不甚发达，与颧突交错相接。

分布

国内分布于上海（崇明岛）、浙江（宁波、平阳）。国外分布于北极和亚北极地区。

 国家重点保护野生动物 二级　 IUCN 红色名录 LC　 CITES 附录 未列入

环海豹

Pusa hispida

哺乳纲 / 食肉目 / 海豹科

形态特征

海豹科中体型最小的种。成年头体长100-175厘米。体重132-140千克。皮毛黑色，背面和体侧有银色的环，腹部银色。

分布

国内分布于黄海，最南达到浙江。国外分布在整个北极海盆、哈德孙湾和哈德孙海峡、白令海峡，以及波罗的海。

 国家重点保护野生动物 二级   IUCN 红色名录 LC   CITES 附录 未列入

亚洲象

Elephas maximus

哺乳纲 / 长鼻目 / 象科

形态特征

亚洲体型最大的陆生哺乳动物，头体长550-650厘米。体重2700-4200千克。外形独特，具有壮硕的身体、巨大坚实的脑袋、鼻部显著延长且十分灵活、显眼的长牙（象牙）和一对三角形的巨大耳朵。四肢粗壮，足为圆形。在长鼻末端具有单个的延长突起（上部），这是与非洲象相比最明显的区别特征之一（非洲象长鼻末端上下各有一个突起）。身体具有长满皱褶的厚实皮肤，通常为灰色，体表几乎无毛。身体表面潮湿的，呈现深灰色至灰黑色，布满尘土或泥浆时呈现黄色或棕红色。幼象通常皮肤颜色更深，体表具有更多的刚毛。亚洲象长有一条长尾，尾尖有黑色的长毛。成年雄性具有一对向前伸出的长象牙（特化延长的上门齿），末端稍向上翘，最长可达200厘米。成年雌性和幼年个体也长有较短的象牙，但通常不突出嘴外或仅露出数厘米。一般不能直接观察到。

分布

亚洲象当前呈斑块状分布在南亚至东南亚，野生种群被隔离在高度破碎化的栖息地斑块之中。在国内，历史上曾广泛分布在南方各地；但自12世纪之后，由于栖息地丧失和人类猎杀，其分布边界剧烈地向南、向西退缩。目前，亚洲象在中国仅分布于云南南部的3个地区：西双版纳、普洱（以前名为"思茅"）与临沧；偶尔有扩散或游荡的个体或小群向外移动到其他地区。

 国家重点保护野生动物 一级   IUCN 红色名录 EN   CITES 附录 附录 I

普氏野马

Equus ferus

哺乳纲 / 奇蹄目 / 马科

形态特征

又叫野马。大型有蹄类动物。头体长180-280厘米。体重200-350千克。整体形态与家马类似，体型健硕，头部较大，吻部短且钝，颈部粗壮，双耳小于家马，前额无长毛。整体毛色为浅褐色至黄褐色，体侧下部至腹面稍浅；四肢下部色深，上部内侧具数条不甚明显的深色横纹；吻部污白色至白色。冬季毛色浅于夏季。颈部背面中央具明显的褐色鬃毛，短而硬，竖立向上。尾下部具棕黑色长毛，呈束状下垂。

分布

历史上分布于蒙古高原至中亚的广大地区，目前已野外灭绝，仅保留圈养种群。部分圈养个体已被重新引入蒙古至我国的新疆（卡拉麦里自然保护区）与甘肃进行野化放归。

 国家重点保护
野生动物
一级

 IUCN
红色名录
EN

 CITES
附录
未列入

《国家重点保护野生动物名录》备注：原名"野马"

蒙古野驴

Equus hemionus

哺乳纲 / 奇蹄目 / 马科

形态特征

　　头体长200-220厘米。体重200-260千克。是身体健硕的大型马科动物，体型介于家马和家驴之间，双耳较长，头部较大，吻部钝圆。身体背面为暗褐色至浅沙黄色，腹面污白色，四肢内侧白色，吻部白色。背脊中央具深褐色纵纹，颈部背面具短而竖立的褐色鬃毛。冬季毛色较浅。尾细长，末端具棕黄色长毛。

分布

　　历史上蒙古野驴曾分布于从蒙古高原经中亚至伊朗高原、阿拉伯半岛和小亚细亚的广大地区；而当前的主要分布区仅局限于蒙古高原南部的蒙古和中国部分区域。在我国，蒙古野驴见于内蒙古中部、东部与新疆东北部。

 国家重点保护
野生动物
一级

 IUCN
红色名录
NT

 CITES
附录
附录 I

藏野驴

Equus kiang

哺乳纲 / 奇蹄目 / 马科

形态特征

　　头体长180-215厘米。体重250-400千克。是身体壮实有力的马科动物。头部比例较大，吻部钝圆。身体背面棕色至棕红色，腹面和四肢白色至灰白色，在体侧各有一条明显的背腹面分界线。夏毛短而光滑，冬毛长而蓬松，且毛色更深。颈后部有直立的鬃毛，沿背脊中央延伸至尾部有暗色背中线。两耳耳尖黑色。

分布

　　藏野驴广泛分布于青藏高原（除东南部）和喜马拉雅山脉西部的广阔区域。国内分布于西藏北部和西部、新疆南部、青海大部、四川西北部、甘肃西南部。国外分布于印度、尼泊尔、巴基斯坦。

 国家重点保护
野生动物
一级

 IUCN
红色名录
LC

 CITES
附录
附录 II

《国家重点保护野生动物名录》备注：原名"西藏野驴"

野骆驼

Camelus ferus

哺乳纲 / 偶蹄目 / 骆驼科

形态特征

又叫双峰骆驼。体型巨大、身形独特的有蹄类。头体长320~350厘米。体重450~680千克。身体比家骆驼小而纤瘦。背上具2个高耸的驼峰，与家骆驼相比较小且尖，呈圆锥形；驼峰顶部具短毛丛，与家骆驼相比短而稀疏。头相对身体比例较小，双耳小而圆，颈部长而向上弯曲。四肢细长，蹄宽大。整体毛色为沙褐色至棕褐色，背腹毛色差别较小。冬毛长而密实，颈部和驼峰处尤为发达，形成蓬松毛丛。夏毛短而色浅。5~6月开始换毛，旧的冬毛呈片状披附在体表，至秋季才逐渐全部褪掉。尾相对身体比例较短，长有较短的绒毛。

分布

野骆驼历史上分布在河套地区经蒙古高原南部的荒漠戈壁，至我国新疆和哈萨克斯坦的广大地区。当前，仅有数个相互隔离的种群，分布在蒙古大戈壁地区和相邻的我国内蒙古部分区域，以及我国的甘肃西北部、青海西北部、新疆的阿尔金山和塔克拉玛干沙漠等地区。

 国家重点保护
野生动物
一级

 IUCN
红色名录
CR

 CITES
附录
未列入

《国家重点保护野生动物名录》备注：原名"驼科"

威氏鼷鹿

Tragulus williamsoni

哺乳纲 / 偶蹄目 / 鼷鹿科

形态特征

体重1.3-2千克。肩高不过20-30厘米。体长42-63厘米。前肢短，后肢长，尾短，适于跳跃，雌雄都不长角。体背为赭褐色，脊背中央略深，腹面黄白色，在喉部和胸部常常有浅色斑，喉下有白色纵向条纹，雄性有发达的上犬齿。

分布

威氏鼷鹿地位有一定争议，有时把它作为小鼷鹿（*T.kanchil*）。我国仅见于云南西双版纳地区。

 国家重点保护
野生动物

一级

 IUCN
红色名录

DD

 CITES
附录

未列入

《国家重点保护野生动物名录》备注：原名"鼷鹿"

安徽麝

Moschus anhuiensis

哺乳纲 / 偶蹄目 / 麝科

形态特征

头体长69-77厘米。体重7.1-9.7千克。体型稍小于原麝，与林麝相近。其形态特征亦与林麝相似，毛色棕褐色至棕红色，具2条清晰的白色颈纹，沿颈部两侧延伸向下，在胸前连接成环状。颊后方颈侧具2个浅色斑点。成体背部两侧具3行浅黄色至橘黄色斑点，在腰部与臀部尤为密集。

分布

中国特有种。分布区范围狭窄，见于安徽、湖北、河南三省交界处的大别山地区。

 国家重点保护野生动物 一级　 IUCN 红色名录 EN　 CITES 附录 附录Ⅱ

林麝

Moschus berezovskii

哺乳纲 / 偶蹄目 / 麝科

形态特征

　　小型有蹄类动物。头体长63-80厘米。体重6-9千克。林麝前肢较后肢为短，因此肩部明显低于臀部。林麝雌雄个体均没有角，但雄性上犬齿发达，形成长而尖利的"獠牙"，向下伸出嘴外。成体背部为暗棕黄色至棕褐色，臀部毛色更深至棕黑色，腹部浅黄色至浅棕色。喉部有2条明显的浅黄色条纹，平行向下延伸至胸部相连。幼崽和幼体的背部有边缘模糊的浅色斑点。两耳较大，且耳尖黑色，耳郭内部密布较长的白毛。

分布

　　国内广泛分布于河南、陕西南部、青海、西藏、宁夏、湖北、湖南、甘肃南部、四川中西部、云南大部、贵州、重庆、广西、广东、江西。国外分布于越南北部和老挝北部。

 国家重点保护
野生动物
一级

 IUCN
红色名录
EN

 CITES
附录
附录Ⅱ

马麝

Moschus chrysogaster

哺乳纲 / 偶蹄目 / 麝科

形态特征

　　与其他麝类物种相比，马麝体型较大且壮实。头体长80-90厘米。体重9-13千克，明显大于与其分布区部分重叠的近亲物种林麝（体重6-9千克）。前肢短于后肢，因而体型显得臀高于肩，这也是所有麝类物种的共有特征之一。蹄狭长而前端较尖，前后蹄的后趾（即"悬蹄"）均发达。成体背部毛色灰色至灰棕色，而腹部毛色较浅。四肢下半部为较浅的黄色或棕黄色。毛发质地干硬粗糙，冬毛相较夏毛更为浓密且色深。从喉部开始有2条颜色较浅的污白色至污黄色纵纹，向下延伸至胸部相接；部分个体2条纵纹从喉至胸完全相连，而形成一整块较宽的浅色区域。相比于林麝，马麝的喉胸部条纹颜色更浅，在野外观察时不明显甚至几乎观察不到。幼崽和幼体的背部具浅色斑点。在马麝颈部的背面，具有旋涡状的毛丛，从而形成独特的横斑状斑纹（通常有3-4条横斑），是区别于相似的林麝的主要特征之一。马麝两耳较大且长，耳郭内部密布长毛。眼周具明显的橙色眼环。成年雄性具有一对较长的锋利"獠牙"（即延长的上犬齿），明显易见。

分布

　　分布于青藏高原的东北缘至西南缘，以及部分邻近山区的高海拔区域。如甘肃西部、四川西部、云南西北部、青海东部和西藏东部，以贺兰山为其分布北界，并部分延伸至周边的不丹、印度、尼泊尔。

 国家重点保护
野生动物
一级

 IUCN
红色名录
EN

 CITES
附录
附录Ⅱ

黑麝

Moschus fuscus

哺乳纲 / 偶蹄目 / 麝科

形态特征

头体长70-100厘米。体重10-15千克。无角。耳和眼较大。被毛浓密、棕黑色。雄性上犬齿演化为长獠牙。面部腺体缺如。后腿比前腿长、粗。成年雄性在肚脐和生殖器之间有1个麝香腺，雌性有2个乳房。

分布

国内主要分布于西藏东南部到云南西北部。国外分布于不丹、缅甸、尼泊尔。

 国家重点保护
野生动物

一级

 IUCN
红色名录

EN

 CITES
附录

附录II

喜马拉雅麝

Moschus leucogaster

哺乳纲 / 偶蹄目 / 麝科

形态特征

喜马拉雅麝整体形态特征与马麝相近，为体型较大的麝类。头体长80-100厘米。体重11-16千克。整体毛色比马麝更深，呈灰褐色至棕褐色；臀部、颈部毛色稍浅，头部灰褐色至深灰色，眼圈不明显，颈部后方具旋毛。喉部以下至胸具浅色带（颈纹），但不甚明显甚至缺失。双耳大而直立，内缘具灰白色长毛。

分布

该物种在我国为边缘性分布，仅见于西藏西南部少数地区。国外分布于不丹、印度、尼泊尔。

 国家重点保护
野生动物
一级

 IUCN
红色名录
EN

 CITES
附录
附录Ⅱ

原麝

Moschus moschiferus

哺乳纲 / 偶蹄目 / 麝科

形态特征

头体长65-95厘米。体重8-12千克。前肢比后肢短，肩部明显低于臀部。体毛深棕色，头颈部偏灰色，腰臀两侧有密集浅棕色斑点，背部斑点不清晰。颈前部两侧各有一条白带纹延长至胸部。两性均无角，下颌白色。雄性上犬齿发达，形成突出口外的獠牙。无眶下腺。下腹部有麝香腺囊。蹄端两趾窄尖，悬蹄发达。

分布

主要分布在东亚从蒙古高原至西伯利亚和朝鲜半岛的广大地区。国内主要分布于黑龙江、吉林、辽宁、内蒙古、河北、山西、北京、河南和新疆部分地区。国外分布于哈萨克斯坦、蒙古、朝鲜半岛、俄罗斯。

 国家重点保护
野生动物
一级

 IUCN
红色名录
VU

 CITES
附录
附录Ⅱ

獐

Hydropotes inermis

哺乳纲 / 偶蹄目 / 鹿科

形态特征

　　小型鹿类。头体长90-105厘米。体重14-17千克。四肢粗壮，尾极短。浑身体毛为棕黄色，浓密粗长，腹部、颈部、臀部毛色较浅。两性均无角。雄性上犬齿长而侧扁，向下突出口外形成明显的獠牙。

分布

　　国内分布于辽宁、吉林、浙江、上海、江苏、安徽、江西。国外当前分布于朝鲜半岛西部。此外，獐还被人为引入欧洲的英国和法国。

 国家重点保护
野生动物
二级　　 IUCN
红色名录
VU　　 CITES
附录
未列入

《国家重点保护野生动物名录》备注：原名"河麂"

黑麂

Muntiacus crinifrons

国家重点保护野生动物 一级　　IUCN红色名录 VU　　CITES附录 附录 I

哺乳纲 / 偶蹄目 / 鹿科

形态特征

体型粗壮的大型麂类。成体的头体长100-130厘米。尾长16-24厘米。体重21-28千克。整体毛色为棕黑色至黑色，颈部毛色稍浅，头顶、耳基与两颊为浅而亮的棕黄色或橙黄色。尾较长且为黑色，尾下为亮白色，从后侧看形成白色的"外缘"，与黑色尾对比明显。雌雄个体额头顶部均具上竖的毛丛。雄性具较短的双角，角柄较长且覆有长毛，角尖通常隐于毛丛中不可见。角基前部被毛形成2条黑线，向下延伸至前额两眼正中，形成一个明显的黑色"V"字形。

分布

中国特有种。分布于华东地区的浙江西部、江西东部、安徽南部和福建北部的山区，分布范围狭小。

贡山麂

Muntiacus gongshanensis

哺乳纲 / 偶蹄目 / 鹿科

形态特征

头体长95-105厘米。体重16-24千克。是中等体型的麂类。背面为深棕色，腹面和四肢接近黑色。尾黑色，但尾的腹面为亮白色。成年雄性长有2个简单的角（单叉或具两叉），角柄短而粗壮。角柄前端覆盖有黑毛。两角的角柄向下延伸成头骨上的脊状骨质突起，在前额呈"V"字形相交。双角长度7-8厘米，较赤麂为小。雌性个体不具角，但前额上的"V"字形黑纹同样明显。雌雄个体头顶均不具明显的冠毛簇，从而与黑麂（*Muntiacus crinifrons*）（分布于华东皖、浙、赣、闽交界山区的极小范围）相区别。

分布

国内分布于云南西北部的高黎贡山和西藏东南部（墨脱、波密等）。国外分布于缅甸北部。

 国家重点保护
野生动物
二级

 IUCN
红色名录
DD

 CITES
附录
未列入

海南麂

Muntiacus nigripes

哺乳纲 / 偶蹄目 / 鹿科

形态特征

头体长95-120厘米。体重17-40千克。眶下腺发达。成年雄性有角，末端略弯，角尖尖利，接近基部处有短分叉。角柄长，粗壮，角柄间距宽。角柄前部覆有深色毛。两支角柄向下延伸为头骨上2条脊状凸，相交于前额下部，形成一个明显的"V"字形。雌性头顶中央有一簇红棕色毛丛。体背毛色暗红色至锈红色，腹面浅灰白色，尾腹面为纯白色。四肢末端色深。

分布

中国特有种。国内分布于海南。

 国家重点保护
野生动物
二级

 IUCN
红色名录
NE

 CITES
附录
未列入

豚鹿

Axis porcinus

哺乳纲 / 偶蹄目 / 鹿科

形态特征

　　小型鹿类。头体长105-150厘米。体重36-50千克。外貌圆润粗壮，四肢短小，中英文名字均以"猪"的形态冠名。整体毛色为浅褐色，背部偏棕色，腹部灰色。雌性背部和体侧多有小白斑，幼体白斑更多且更明显。夏毛背部两侧有成行小白斑，体侧也有不规则白斑；冬毛主要为黄褐色。雄性头部有小型三叉角，分枝也很短小。雌性不具角。

分布

　　豚鹿分布于印度次大陆至东南亚的中南半岛，但在许多历史分布区已经绝迹（例如越南、老挝、缅甸），如今可见于柬埔寨、印度、孟加拉国、尼泊尔、不丹、巴基斯坦。豚鹿也被人类引种至斯里兰卡、澳大利亚、美国、南非等地。中国为豚鹿的边缘性分布区，历史上记录于云南西南部的部分低海拔河谷，20世纪60年代后已在我国境内绝迹（局域灭绝）。

 国家重点保护
野生动物
一级

 IUCN
红色名录
EN

 CITES
附录
附录 I

水鹿

Cervus equinus

哺乳纲 / 偶蹄目 / 鹿科

形态特征

身体壮实的大型鹿科动物。头体长180-200厘米。体重185-260千克。水鹿整体毛色通常为暗棕红色全棕色或黑色。在我国，与同区域内分布的其他体型相近的大型鹿类（例如西部的白唇鹿和马鹿，东部的梅花鹿）相比，水鹿的毛色更深，因此在部分地区被当地人称为"黑鹿"。水鹿的四肢通常毛色较浅，唇下为白色。双耳较大且圆，耳郭内部白色，外缘深色，基部长有较长毛丛。尾黑色，尾毛长而蓬松，尾腹面白色。成年雄性颈部具有长而粗糙的浓密鬃毛。与其他很多鹿类物种不同，水鹿的幼崽体表没有斑点。成年雄性长有一对粗壮的鹿角，通常分为三叉，最大长度可达80厘米。未成年雄鹿（小于3岁）的鹿角较短较细，呈直棒状，通常不具分叉或仅有一个小分叉。

分布

在我国，水鹿主要分布于广西、广东、重庆、西藏东南部、四川西部和南部、贵州、云南、江西、湖南、海南、台湾等地。国外广泛分布于柬埔寨、印度尼西亚、文莱、老挝、马来西亚、缅甸、泰国、越南、孟加拉国、不丹、印度、尼泊尔、斯里兰卡等地。

 国家重点保护
野生动物
二级

 IUCN
红色名录
NE

 CITES
附录
未列入

梅花鹿

Cervus nippon

哺乳纲 / 偶蹄目 / 鹿科

形态特征

　　梅花鹿是体表特征独特的大中型鹿类。头体长105-170厘米。雄性（60-150千克）体型明显大于雌性（45-60千克）。鹿类动物中幼仔体表普遍存在浅色斑点，而梅花鹿是成体仍保留有这些斑点的少数鹿类之一。其整体毛色为亮红色至红棕色，在背部和体侧具显眼的白色斑点。腹面白色。在背部中央有一条较宽的黑色或深色纵纹，纵纹两侧各有一条或两条白色斑点紧密排列所形成的条带。雌雄个体均具有一块面积不大但非常显眼的白色臀斑，臀斑上缘具较宽的深色带，与背部中央的深色纵纹相接。尾较短，边缘和尾下为白色。成年雄性的颈部有长而蓬松的鬃毛。冬毛厚实而色深；夏毛较短，毛色更亮，体表的白色斑点更为明显。成年雄性长一对大型鹿角，每支具3-5个分支；与这片区域内其他大型鹿类（例如水鹿、马鹿、白唇鹿）相比，其鹿角更短，较为纤细。鹿角的尺寸随着个体的年纪增长而增大，成年雄鹿的鹿角长度（从角基至最远端角尖）可达80厘米以上。雌性不长角。

分布

　　广泛分布于东亚，从俄罗斯东部至朝鲜半岛，同时也见于日本列岛。国内分布于吉林、四川、甘肃、江西、安徽、浙江，当前分布区高度破碎化。

 国家重点保护
野生动物
一级

 IUCN
红色名录
LC

 CITES
附录
未列入

《国家重点保护野生动物名录》备注：仅限野外种群

马鹿

Cervus canadensis

哺乳纲 / 偶蹄目 / 鹿科

形态特征

又叫东北马鹿，是大型鹿类动物。身体壮实，足蹄宽大。雄性个体（体长175-265厘米，体重200-320千克）明显大于雌性（体长160-210厘米，体重110-135千克）。东北马鹿夏季毛色为红棕色，冬季毛色为棕灰色至暗棕色。夏毛短而粗糙，冬毛长而厚密。腹部和四肢毛色较浅，在背部中央有一条深色背中线。在仲夏至秋季的发情求偶期，成年雄性的颈部可见长而蓬松的鬃毛。雌雄个体均具有一块大型的臀斑，毛色浅黄色至锈棕色，与其身体毛色对比明显，远距离可见。臀斑上缘为深色，与背中线相接。尾长较短，毛色与臀斑一致。双耳大且长。幼崽毛色为较亮的红棕色，体表散布有白色或浅色的斑点，在第一个夏季结束前逐渐消失。成年雄性长有强壮的大型鹿角。与白唇鹿鹿角相比，东北马鹿（*Cervus canadensis*）鹿角的第一与第二分支间的距离明显更短，鹿角分叉处通常为圆柱状而非扁平状。鹿角的长度和分叉数随着年龄增长而增大。成年雄性的单支鹿角长度可达115厘米长（从角基至最远端分支角尖），重达5千克，包括6-8个分支。老年个体鹿角顶部分叉处有时会扁平化形成杯状或扇状。雌性不具角。

分布

马鹿族是全世界分布范围最广的鹿科动物，广泛分布于北半球，包括欧洲、亚洲、北美洲和北非局部，也被人类广泛引入其他大陆作为狩猎物种。国内见于北方多个省区，包括黑龙江、吉林、内蒙古、宁夏、新疆（天山与阿尔泰山）等地。国外分布于哈萨克斯坦、俄罗斯、蒙古、加拿大、美国等地。

 国家重点保护
野生动物
二级

 IUCN
红色名录
LC

 CITES
附录
未列入

《国家重点保护野生动物名录》备注：仅限野外种群

西藏马鹿（包括白臀鹿）

Cervus wallichii (C. w. macneilli)

哺乳纲 / 偶蹄目 / 鹿科

形态特征

　　大型鹿类。头体长165-265厘米。整体形态与东北马鹿相似。雄性明显大于雌性：雄性体重160-240千克，雌性体重75-170千克。整体毛色为棕色至棕黄色，腰部呈橘红色，体侧和腹部交界处有暗色线纹，背脊中央有一条深色纵纹。具明显的大型臀斑，毛色为白色至污白色，尾部为橘色。冬毛长且有厚实绒毛，色浅，而夏毛短，色深。蹄印宽大，前端圆钝。雄性有角，眉支在角基部向前长出，几乎与主干垂直。雌性不具角。

分布

　　国内分布在西藏东南部、四川西部、青海、甘肃等地。国外分布在不丹。

 国家重点保护
野生动物
一级

 IUCN
红色名录
NE

 CITES
附录
未列入

塔里木马鹿

Cervus yarkandensis

哺乳纲 / 偶蹄目 / 鹿科

形态特征

塔里木马鹿为大型鹿类。体型、整体特征均与其他马鹿族物种相似。头体长115-140厘米。雄性体重230-280千克，雌性体重195-220千克。整体毛色为沙褐色，冬毛色浅而夏毛色深。具白色至灰白色大型臀斑。

分布

中国特有种。仅分布在我国新疆南部塔里木盆地的塔里木河、孔雀河与车尔臣河区域。

国家重点保护
野生动物
一级

IUCN
红色名录
NE

CITES
附录
未列入

《国家重点保护野生动物名录》备注：仅限野外种群

坡鹿

Panolia siamensis

哺乳纲 / 偶蹄目 / 鹿科

形态特征

中等体型的鹿类动物。头体长150-170厘米。雄性体重70-100千克，雌性体重50-70千克。颈部细长，双耳大而圆。整体为红褐色至棕红色，腹面与四肢内侧毛色稍浅，喉部白色。背部中央具一条深色纵纹，从颈部一直延伸至尾部，两侧散布不甚明显的浅色斑点。冬毛更长更厚，浅色斑点几不可见。尾短，尾下白色。雄性具壮观、优雅的双角，长度可达100厘米以上。角的眉叉向前平伸然后上弯，与主干相连形成一个连续的弧形；主干向后、向外延伸，角尖又朝内、朝前弯转；主干上端具3-6个尖细的小叉。雌性不具角。

分布

国内目前仅见于海南西部的东方大田，并被重新引入白沙邦溪。国外零散分布于东南亚的中南半岛，包括柬埔寨、老挝、缅甸、印度。

 国家重点保护野生动物 一级　 IUCN 红色名录 EN　 CITES 附录 未列入

白唇鹿

Przewalskium albirostris

哺乳纲 / 偶蹄目 / 鹿科

形态特征

大型鹿类。头体长155-210厘米。雄性体重180-230千克，雌性体重100-180千克。白唇鹿身体壮实，四肢相对较短，蹄子大而宽，四足的悬蹄均发达。白唇鹿毛色通常为红棕色至灰棕色，毛发质地粗糙。身体腹面、喉部和四肢毛色为浅棕色。头部和颈部通常比身体其他部分毛色更深，尤其是在远距离观察时对比更为明显。与夏毛相比，冬毛更为浓密，毛色更浅。白唇鹿具显眼的白色唇部（因此而得名），鼻子周围也为白色。它们的双耳较长，近顶端处具有白色边缘。白唇鹿有一块浅色至锈红棕色的大型臀斑，中央为相对较短的尾。成年雄鹿有一对粗大、强壮的鹿角。白唇鹿鹿角在沿主干的分叉处较为扁平，这是区别于同域分布的马鹿鹿角的典型特征之一：后者的鹿角在分叉处通常为圆柱形。白唇鹿另一个区别于马鹿的特征是，其鹿角的第二分叉与第一分叉（从鹿角基部算起）之间的距离远远大于马鹿。成年雄性白唇鹿的鹿角长度（从基部到最顶端分叉末梢）可达140厘米以上，单支鹿角的分叉数可达8-9个。白唇鹿鹿角的所有分叉大致都在同一空间平面上，这是与马鹿鹿角相比的第三个显著区别特征。雌性白唇鹿不具鹿角。初生幼鹿体表有浅色斑点，这些斑点通常在出生后的2-3个月时间内逐渐消失。

分布

中国特有种。分布于青藏高原东部。其分布区包括甘肃西南部、青海中部至东南部、四川西部、云南西北部部分地区，以及西藏东部。

 国家重点保护
野生动物
一级

 IUCN
红色名录
VU

 CITES
附录
未列入

麋鹿

Elaphurus davidianus

哺乳纲 / 偶蹄目 / 鹿科

形态特征

大型鹿类。头体长150-200厘米。雄性体重150-250千克，雌性体重120-180千克。麋鹿身体壮实，颈部较粗，面部长而窄。冬毛灰棕色，夏毛红棕色为主，腹部和四肢浅黄色。雄性具大型鹿角，角形独特，无眉叉，老年鹿角的次级分叉复杂无规律，且左右不对称。蹄适应湿地行走而宽大扁平，趾间有皮蹼膜，尾长而尖端成簇。

分布

中国特有种。自然分布区应为长江中下游区域，但近代之前已野外灭绝，仅存圈养种群。目前中国境内在北京南海子麋鹿苑有圈养种群，并在20世纪80年代起以半散养形式重引入江苏大丰、湖北石首。20世纪末至今部分种群已逸为野生，可见于湖南洞庭湖区等地。

 国家重点保护野生动物 一级

 IUCN 红色名录 EW

 CITES 附录 未列入

毛冠鹿

Elaphodus cephalophus

哺乳纲 / 偶蹄目 / 鹿科

形态特征

大型鹿类。头体长85-170厘米。体重15-28千克。整体毛色黑色至棕黑色。四肢毛色比身体更深，而头颈部稍浅。在头顶正中有一簇明显的浓密黑色冠毛。两耳宽而圆，上部外缘与基部外侧边缘为白色，耳尖背部为白色，形成独特的耳部黑白斑纹，是与同域分布的其他小型有蹄类动物（例如麂与麝）的典型区别特征之一。尾外缘和腹面为纯白色。当毛冠鹿受惊时，会在奔跑或跳跃逃离时，快速地上下摆动尾，显露出其尾腹面和尾下十分显眼的白色区域。成年雄性头顶具两只短小的角，隐藏在头顶冠毛中；角尖一般超出冠毛不足2厘米，通常不易观察到。成年雄性的上犬齿发达，形成突出嘴外的"獠牙"，近距离可见。

分布

毛冠鹿基本上为中国特有种。中国境外仅在缅甸东北部接近中缅边境的地方有数个历史记录。我国广泛分布于陕西南部、甘肃南部、四川大部、云南大部、贵州、重庆、青海、西藏、安徽、湖北、广东、广西北部、浙江、福建、江西、湖南等地。

 国家重点保护
野生动物
二级

 IUCN
红色名录
NT

 CITES
附录
未列入

驼鹿

Alces alces

哺乳纲 / 偶蹄目 / 鹿科

形态特征

世界上现生最大的鹿科动物。头体长200-310厘米。雄性体型明显大于雌性：雄性体重320-600千克，雌性体重270-400千克。驼鹿身体壮硕，颈部短而粗，肩部高耸，明显高于臀。四肢粗壮而尾短，蹄宽大。头部窄长，唇膨大似驼，双耳宽大。雄性喉部具明显的肉垂，上着生有深色长毛。整体毛色为红褐色至黑褐色，四肢内侧为较浅的灰褐色至灰色。冬毛更为厚实，颜色偏灰。成年雄性长有壮观的双角：除前叉（眉支）外，角的主干形成扁平掌状或铲状，外侧又分出若干向上的小叉；双角宽度可达200厘米。鹿角每年2月前后脱落，间隔1个月后新角开始生长，至9月骨化完全。雌性不具角。

分布

驼鹿广泛分布于北半球的欧亚大陆北部和北美洲大陆北部。我国为边缘性分布，数量稀少，见于西北地区新疆的阿尔泰山，以及东北地区内蒙古和黑龙江北部的大、小兴安岭。

 国家重点保护野生动物 一级　　 IUCN红色名录 LC　　 CITES附录 未列入

野牛

Bos gaurus

哺乳纲 / 偶蹄目 / 牛科

形态特征

又叫印度野牛。头体长170-220厘米。体重700-1000千克。体型巨大，形似家牛，四肢短而粗壮。成年个体，尤其是雄性，肩部具有发达的肌肉，高高耸起，是其显著的外观特征。体表被毛短而密，整体毛色为深棕色至黑色，四肢下部为反差明显的白色或污黄色，形成独特的"白袜子"模式。野牛没有白色臀斑，这是与历史上曾经在中国南部有分布的爪哇野牛（*Bos javanicus*，英文名banteng）的最显著区别。野牛雌雄个体均具一对粗壮的角，从头侧长出，并向上、向内弯曲，双角角尖的指向近乎相对。双角基部为黄色至浅黄色，近角尖处为黑色。双角之间的头顶与前额隆起，长有灰色至白色的长毛。鼻子通常也是灰色或白色。印度野牛长有与家牛类似的长尾，尾尖具有蓬松的长毛。

分布

国内见于云南南部，在西藏东南部可能也有分布。国外分布于印度、不丹、尼泊尔、缅甸、老挝、泰国、越南、马来西亚等地。

 国家重点保护野生动物 一级　　 IUCN红色名录 VU　　CITES附录 附录I

爪哇野牛

Bos javanicus

哺乳纲 / 偶蹄目 / 牛科

形态特征

头体长190-225厘米。雄性体重600-800千克。性二型明显。雄性毛色黑褐色或黑色。雌性栗红色，深色脊纹；臀斑白色；小腿被覆白色毛发，看似穿了一双白色长袜；耆甲部肌肉发达，耸起。雄性角长而纤细，横截面圆形，基部有褶皱；成年个体角根部由一个无毛软骨盾牌连接。雌性角很短，弯曲，尖端向内。

分布

国内曾分布于云南西双版纳勐腊，目前证实已灭绝。国外分布于缅甸、泰国、柬埔寨、老挝、越南，以及加里曼丹岛、爪哇岛、巴厘岛。

 国家重点保护
野生动物
一级

 IUCN
红色名录
EN

 CITES
附录
未列入

野牦牛

Bos mutus

哺乳纲 / 偶蹄目 / 牛科

形态特征

　　体型巨大。头体长300-385厘米。为青藏高原体型最大的野生动物。雄性明显大于雌性：成年雄性体重500-1000千克，雌性体重300-350千克。野牦牛整体黑色至棕黑色，具粗糙而蓬松的长毛，尤以体侧下部、胸腹部和颈部的长毛最为发达，在腹部下方几可垂至地面。尾长，具发达、蓬松的长毛。野牦牛肩部高耸，四肢强壮，蹄大而圆。头部硕大，口鼻周围毛色灰白，双耳小而圆，额部宽而平，两侧具粗壮的双角，色黑至灰黑或灰白，先向外侧长出，然后向上弯转，角尖向后。雄性双角明显大于雌性。在西藏北部阿里地区的部分野牦牛种群中，存在黄色的色型变异个体，全身毛发变为黄色至金黄色，被称为金色野牦牛或金丝野牦牛，较为罕见。

分布

　　青藏高原特有种。主要分布在我国的青藏高原及周边等地，见于西藏北部、新疆南部、青海西部和甘肃西北部；四川西部历史上亦有野牦牛分布记录，现恐已绝迹。

 国家重点保护野生动物 一级　 IUCN 红色名录 VU　 CITES 附录 附录 I

蒙原羚

Procapra gutturosa

哺乳纲 / 偶蹄目 / 牛科

形态特征

中等体型的羚羊。是我国原羚属（*Procapra*）中体型最大的物种。头体长100-160厘米。体重20-45千克。吻部短而钝，颈部粗壮。背部毛沙黄色至橙黄色，腹部、喉部毛白色。体侧下部可见背腹毛色分界线，但有时较为模糊。冬毛更长，更为浓密，毛色更浅。具显眼的心形白色臀斑，尾短。雄性具较短的双角，向后弯曲，角尖略外翻后向上向内弯曲，角尖间距为角基间距的6-10倍；角中部和下部具明显的横棱。雌性不具角。雄性在发情期喉部肿大，具类似鹅喉羚的突起。

分布

主要分布于蒙古的中部和东部，并向东、向北延伸至俄罗斯部分地区。国内当前主要分布在内蒙古中部和北部靠近中蒙边界的部分区域。

 国家重点保护
野生动物
一级

 IUCN
红色名录
LC

 CITES
附录
未列入

《国家重点保护野生动物名录》备注：原名"黄羊"

藏原羚

Procapra picticaudata

哺乳纲 / 偶蹄目 / 牛科

形态特征

　　我国原羚属（*Procapra*）中体型最小的物种。头体长90-105厘米。体重13-16千克。头吻部短而钝，四肢细长，体型矫健，行动敏捷。背部为浅棕色至棕灰色，腹面白色。冬毛比夏毛厚实、蓬松，毛色更浅。雌雄均具一大块的心形白色臀斑，在远距离观察亦非常显眼。尾甚短，黑色。成年雄性长有一对细长的角（总长26-32厘米），略显侧扁，下部具有众多环纹。角从头顶上部长出，先朝后方弯曲，至角尖处再次向上弯曲。双角的上部（包括角尖）近乎平行，这是与近似种普氏原羚相比最显著的区别特征。雌性不具角。

分布

　　青藏高原的特有种。广泛分布于这一区域内。国内分布于四川西部、甘肃南部、青海大部、西藏北部、新疆东南部。国外分布于印度。

 国家重点保护野生动物
二级

 IUCN红色名录
NT

 CITES附录
未列入

普氏原羚

Procapra przewalskii

哺乳纲 / 偶蹄目 / 牛科

形态特征

中等体型的羚羊。头体长110-160厘米。体重17-32千克。头吻部短而钝，四肢修长，行动敏捷。它们的整体毛色与其近亲藏原羚相似，但身体更大更壮实。普氏原羚背部毛为沙黄色至灰棕色，腹部和喉部为白色。冬毛比夏毛更为厚实浓密，毛色也更浅。雌雄个体均具有显眼的白色臀斑，可以在远距离外观察到。与藏原羚整体呈心形的白色臀斑不同，普氏原羚的臀斑被一条位于中央的竖直深色线分为左右两块，臀斑上部中央为其深色的尾，长度较短。雄性长有一对黑色至棕黑色的角（长度约30厘米），表面密布环纹，与藏原羚双角形态相似，但更为粗壮，且双角角尖相对（藏原羚双角角尖大致平行）。雌性个体不具角。

分布

中国特有种。历史上分布在中国西北的广大地区，包括青海北部、甘肃、宁夏和内蒙古，但其分布范围在过去一个世纪里急剧缩减。当前的分布区仅局限于青海的青海湖周边，以及天峻、共和的部分区域。

 国家重点保护
野生动物
一级

 IUCN
红色名录
EN

 CITES
附录
附录 I

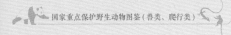

鹅喉羚

Gazella subgutturosa

哺乳纲 / 偶蹄目 / 牛科

形态特征

中等体型的羚羊。头体长90-110厘米。体重20-30千克。身体背面为棕灰色至沙黄色，腹部和四肢内侧为白色，在体侧下方背腹之间具清晰的毛色分界线。喉部色浅。脸部有不甚明显的浅棕色纹路，额部有明显的棕褐色斑块。具明显的白色臀斑。尾常上翘，长10-15厘米，深色，与身体其他部分毛色对比明显。耳较长而大，雌雄均有角，雄性角更长，略微后弯，角尖向上向内弯曲，表面有粗大明显的横棱。

分布

国内分布于新疆、内蒙古、甘肃、青海、陕西北部。国外主要分布于蒙古、阿富汗、阿塞拜疆、巴基斯坦、哈萨克斯坦、吉尔吉斯斯坦、塔吉克斯坦、土库曼斯坦、乌兹别克斯坦、伊朗。

 国家重点保护
野生动物
二级

 IUCN
红色名录
VU

 CITES
附录
未列入

藏羚

Pantholops hodgsonii

哺乳纲 / 偶蹄目 / 牛科

形态特征

中等体型的羚羊。头体长120-130厘米。雄性（体重35-42千克）体型明显大于雌性（体重24-30千克）。双角形态独特，口鼻部前伸，身体被毛柔软密实。其总体毛色为沙棕色至土黄色，腹面毛色较浅。成年雄性面部有显眼的黑色面罩，眼圈和上唇则为对比鲜明的浅色。雄性四肢的正面也为明显的黑色。冬毛光滑且色浅，远观近白色；夏毛则质地粗糙，呈土黄色至棕黄色。成年雄性具细长尖利的双角（总长50-70厘米），从头顶垂直向上长出，角尖略弯而前倾，从正前方看，藏羚的双角呈"V"字形，朝前的一面具粗壮的环纹。雌性个体不具角，尾毛蓬松且长，在尾下有一片白色的臀斑。

分布

主要分布于中国的青藏高原，并延伸至印度西北部。国内见于青海南部、西藏北部和新疆南部。

 国家重点保护野生动物 一级

 IUCN 红色名录 NT

 CITES 附录 附录 I

高鼻羚羊

Saiga tatarica

哺乳纲 / 偶蹄目 / 牛科

形态特征

　　头体长100-140厘米。耳长7-12厘米。体重26-69千克。鼻部膨大、隆起，鼻孔紧密间隔、肿胀向下。鬃毛长12-15厘米。雄性具角，长28-38厘米；角半透明，琥珀色，角基直径25-33毫米，角有12到20个环棱。夏毛沙黄色，长18-30毫米。冬毛呈浅灰棕色，长40-70毫米。腹部和颈部毛发白色。一年春秋季换毛。尾长6-12厘米。

分布

　　我国新疆地区曾是该种分布区，但20世纪60年代灭绝，1987年重引入甘肃武威濒危动物繁育中心。国外分布于哈萨克斯坦、俄罗斯、蒙古。

 国家重点保护
野生动物
一级

 IUCN
红色名录
CR

 CITES
附录
附录Ⅱ

秦岭羚牛

Budorcas bedfordi

哺乳纲 / 偶蹄目 / 牛科

形态特征

身体壮硕的大型有蹄类动物。头体长170-220厘米。体重150-350千克，部分成年雄性可达500千克。雌性体型小于雄性。秦岭羚牛侧面轮廓可见肩高于臀，头部硕大，面部的侧面轮廓为明显的弧形突起。雌雄个体均长有一对黑色至棕黑色的角，在一岁幼崽时呈竖直状长出，然后随着年龄的增长而急剧向后弯曲，角尖略显上翘。成年雄性的双角较雌性更为粗壮，两角间距更大。羚牛身披浓密的长毛，毛质粗糙，通常背部中央毛色更深。成年个体的毛色通常为金黄色至棕黄色，但存在较大变异。亚成体和雌性成体的毛色通常比雄性成体更浅。成年雄性个体的颈部有明显的长鬃毛，在发情季节（夏季）呈现暗红色或红棕色。幼崽为深棕色，在背部中央有一条明显的黑色纵纹。羚牛足掌宽大，悬蹄发达，使得它们可以在陡峭的山地环境中灵活自由移动。

分布

中国特有种。仅分布在陕西南部的秦岭山脉。

 国家重点保护
野生动物
一级

 IUCN
红色名录
NE

 CITES
附录
未列入

四川羚牛

Budorcas tibetanus

哺乳纲 / 偶蹄目 / 牛科

形态特征

　　头体长170-220厘米。体重150-350千克。部分成年雄性可达500-600千克。整体形态与秦岭羚牛相似，唯毛色存在较大不同，为棕黄色并夹杂大量的黑色斑块。即使在同一种群内部，四川羚牛的毛色也存在较大差异。成年雄性在发情期毛色更深，两颊至颈部呈深棕红色。幼崽毛色棕黑色至黑色，在背脊中央有一条明显的黑色纵纹。

分布

　　中国特有种。分布于青藏高原东缘的山地，包括甘肃南部和四川北部至中部。

 国家重点保护野生动物
一级

 IUCN红色名录
NE

 CITES附录
未列入

不丹羚牛

Budorcas whitei

哺乳纲 / 偶蹄目 / 牛科

形态特征

头体长170-220厘米。体重150-350千克。整体形态与贡山羚牛相似，而毛色更深，整体为黑色，头部、四肢尤甚，而颈部和肩部稍浅。背脊具黑色中线，但有时不明显。幼崽毛色棕黑色至黑色，在背脊中央有一条明显的黑色纵纹。

分布

不丹羚牛分布于喜马拉雅山脉南麓。国内分布于西藏东南部雅鲁藏布江大拐弯以西、以南的部分地区。国外分布于不丹。

国家重点保护
野生动物
一级

IUCN
红色名录
NE

CITES
附录
未列入

贡山羚牛

Budorcas taxicolor

哺乳纲 / 偶蹄目 / 牛科

形态特征

又称扭角羚。头体长170-220厘米。体重150-350千克。整体形态与四川羚牛相似，唯毛色更深，整体为棕黑色，头部、四肢尤甚，而肩背部至颈部为相对较浅的棕黄色至暗金黄色，背脊中央有一条明显的深色中线。在同一种群内部，毛色也存在较大差异。幼崽毛色棕黑色至黑色，在背脊中央有一条明显的黑色纵纹。

分布

贡山羚牛分布于青藏高原东南缘的山地。国内分布于云南西北部怒江以西的高黎贡山、独龙江流域，以及西藏东南部雅鲁藏布江大拐弯以东的部分地区。国外分布于缅甸北部部分地区。

 国家重点保护
野生动物
一级

 IUCN
红色名录
VU

 CITES
附录
附录 II

赤斑羚

Naemorhedus baileyi

哺乳纲 / 偶蹄目 / 牛科

形态特征

斑羚属中体型最小的物种。头体长95-105厘米。体重20-30千克。整体形态与中华斑羚相似，但毛色为亮棕红色至棕红色。四肢下部与喉部毛色稍浅。口鼻周围与头部其他区域相比颜色更深。背脊中央有一条狭窄的暗色中线，但有时不甚清晰。尾暗棕色至黑色，与中华斑羚相比尾长较短。赤斑羚雌雄个体均具尖细的双角，略呈弧形向后弯曲。

分布

赤斑羚分布于喜马拉雅山脉东段的狭窄区域内。我国见于西藏东南部与云南西北部（贡山县）。

국家重点保护
野生动物
一级

IUCN
红色名录
VU

CITES
附录
附录 I

长尾斑羚

Naemorhedus caudatus

哺乳纲 / 偶蹄目 / 牛科

形态特征

斑羚属中体型较大者。体型与喜马拉雅斑羚相近。头体长81-129厘米。尾长14-18厘米。成年雄性体重28-47千克，雌性体重22-45千克。被毛较喜马拉雅斑羚更长，整体毛色为浅灰褐色至灰黑色，冬毛较夏毛更为厚实。四肢上部前侧毛色深，为棕黑色至黑色；下部为浅沙黄色。额部至头部正面毛色较深为灰黑色。喉部为对比明显的亮白色，毛柔长而蓬松。背部中央有一条明显的深色脊线。尾较长，基部为灰色至黑灰色，下部毛长而蓬松，常为白色。雌雄均具一对黑色的角（全长12-18厘米），角形纤细，略向后弯曲。双角基部密布环状脊，而中上部表面光滑，末端较尖锐。雌性个体的双角与雄性相比更短更细。

分布

国内分布于东北吉林、黑龙江三江平原以东。国外分布于俄罗斯、朝鲜、韩国。

 国家重点保护野生动物 二级　　 **IUCN红色名录** VU　　 **CITES附录** 附录 I

缅甸斑羚

Naemorhedus evansi

哺乳纲 / 偶蹄目 / 牛科

形态特征

与喜马拉雅斑羚和中华斑羚相比，缅甸斑羚体型明显较小，毛更短，且毛色更浅。成体头体长50-70厘米。体重20-30千克。整体毛色浅，为灰白色至铅灰色或浅棕灰色，腹部毛色更浅。身体背部中央有一道明显的黑色纵纹。四肢上部为浅棕黄色，下部毛色较体色更浅，为污白色至浅乳黄色。喉部有明显的白色喉斑，与身体其他部分毛色形成明显对比。额部中央为棕黑色。尾长而蓬松，为黑色或棕黑色。雌雄均具双角，角形纤细、尖利，略呈弧形向后弯曲。角下部具明显的横棱（环纹），上部光滑。

分布

国内主要分布于云南南部。国外主要分布于中南半岛北部的泰国、缅甸。

 国家重点保护野生动物 二级　　 **IUCN红色名录** NE　　 **CITES附录** 未列入

喜马拉雅斑羚

Naemorhedus goral

哺乳纲 / 偶蹄目 / 牛科

形态特征

形似山羊的中等体型有蹄类。头体长82-120厘米。体重35-42千克。为斑羚属中体型较大者。整体毛色为暗棕红色至棕黑色，粗糙的针毛毛尖为黑色。腹面毛色较浅，四肢下部为浅锈红色至沙黄色。喉部和颌部为对比明显的亮白色。冬毛较夏毛更为蓬松，下层具有密实的绒毛。背部中央有一条明显的深色脊线。成年与老年雄性个体的颈后部中央，有半直立的黑色鬣毛，比中华斑羚的稍短。尾较长，末端黑色，但不蓬松。雌雄均具一对黑色的角（长12-18厘米），角形细长而向后弯曲。双角基部密布环状棱，而中上部表面光滑，末端较尖锐。雌性个体的双角与雄性相比更短更细。

分布

喜马拉雅斑羚分布于沿喜马拉雅山脉的狭长地带。国内仅见于西藏南部的部分地区。国外分布于印度、不丹、尼泊尔和巴基斯坦的部分地区。

 国家重点保护
野生动物
一级

 IUCN
红色名录
NT

 CITES
附录
附录 I

中华斑羚

Naemorhedus griseus

哺乳纲 / 偶蹄目 / 牛科

形态特征

体型与山羊类似的牛科食草动物。头体长80-130厘米。体重20-35千克。整体毛色为棕黄色至灰白色，变异较大，包括较浅的灰色，至棕黄色，以及较深的灰黑色。身体背部中央有一道黑色纵纹。四肢下部毛色浅于体色，为污黄色。喉部有明显的白色或黄白色喉斑，与身体其他部分毛色形成明显对比。具有一条黑色蓬松的长尾。雌雄均具双角，角形纤细、尖利，略呈弧形向后弯曲。角下部具明显的横棱（环纹），上部光滑。

分布

国内分布于陕西南部、甘肃南部、四川、云南、贵州、广西北部、西藏东部、重庆部分区域、湖北、湖南、安徽、江西、浙江、福建、山西、河北、河南、北京、广东等地。国外分布于印度、缅甸、泰国、越南等地。

 国家重点保护
野生动物
二级

 IUCN
红色名录
NE

 CITES
附录
附录 I

中华斑羚

塔尔羊

Hemitragus jemlahicus

哺乳纲 / 偶蹄目 / 牛科

形态特征

　　形似山羊、体型中等的山地有蹄类。头体长90-155厘米。雄性体重70-148千克，雌性体重30-50千克。整体毛色红褐色至深褐色，腹面、颈下至喉部毛色稍浅，四肢色深。雌性毛色较雄性稍淡。冬毛更长更厚实，毛色更深，其中成年雄性在冬季由环绕颈部至肩部的长毛形成蓬松的鬃毛，可下垂遮挡前肢上部。在冬季时，雄性头部和四肢的毛色也更深，近黑。头部相对身体比例较小，毛较短，双耳短小，颌下无须。雌雄均具角，双角向上、向后弯曲，角尖略朝内弯；角侧扁，截面为三角形。角长可达45厘米，雌性较雄性略小。

分布

　　塔尔羊的分布范围极为狭窄，仅见于喜马拉雅山脉中段至西段的南坡。国内仅分布在西藏南部和西部的部分地区。国外分布于尼泊尔、印度，并被人为引入新西兰和南非。

国家重点保护
野生动物
一级

IUCN
红色名录
NT

CITES
附录
未列入

北山羊

Capra sibirica

哺乳纲 / 偶蹄目 / 牛科

形态特征

　　身体壮实的大型山羊。头体长115-170厘米。雄性体型明显大于雌性：成年雄性体重80-100千克，雌性体重30-56千克。整体毛色为棕褐色至黄褐色，腹部毛色稍浅，背部中央具一条深色背脊纵纹，前肢前面为深色。冬毛更为厚实，毛色更浅，背腹差别变小，雄性臀部至肩后的体侧上部呈灰白色至浅沙黄色。尾短，色深，与白色的尾下形成明显对比。雄性颌下具棕色长须，雌性亦具须但甚短。雌雄均具双角，尤以雄性双角更为粗大壮观：长度可达100厘米以上，呈弧形向后弯曲；角前宽后窄，截面近三角形；正面具发达的横棱。雌性双角较小，也更为纤细。

分布

　　分布于中亚帕米尔高原至蒙古戈壁的陡峭山地，以及周边的喜马拉雅山脉西段、昆仑山、天山、喀喇昆仑山、阿尔泰山等山脉。国内分布于内蒙古中部、甘肃西北部，以及新疆西部和北部。

 国家重点保护
野生动物
二级

 IUCN
红色名录
NT

 CITES
附录
附录Ⅲ

岩羊

Pseudois nayaur

哺乳纲 / 偶蹄目 / 牛科

形态特征

　　身体壮实、形似山羊的有蹄类动物。头体长100-155厘米。雄性（50-80千克）体型明显大于雌性（32-51千克），雄性颈部更为粗壮。具有外形独特的双角和非常短的黑色尾。成年个体背面为棕灰色至青灰色，腹面和臀部为白色至浅灰色。四肢内侧为白色，而前缘则有显眼的黑色纵纹。成年雄性的胸部、前额为黑色，在体侧有一条明显的水平黑色条纹。幼崽体表没有成体的各种黑色条纹和斑纹。冬毛远比夏毛更为浓密厚实。雌雄均具一对表面光滑的角，但雄性的双角更长更粗壮，可达90厘米。双角从头顶先朝后弯曲，然后再旋转向外侧翻转。悬蹄较为发达。

分布

　　岩羊主要分布于青藏高原及周边的山地。国内可见于四川西部、云南西北部、青海、甘肃、西藏、新疆东南部，以及宁夏和内蒙古交界区域。国外分布于巴基斯坦、印度、不丹、尼泊尔、缅甸。

国家重点保护
野生动物
二级

IUCN
红色名录
LC

CITES
附录
附录III

阿尔泰盘羊

Ovis ammon

哺乳纲 / 偶蹄目 / 牛科

形态特征

身体壮实的大型绵羊类动物，体型在盘羊族中为最大，亦为世界上最大的野生绵羊。雄性头体长170-200厘米，体重100-180千克；雌性头体长165-175厘米，体重80-100千克。整体形态特征与西藏盘羊相似，但雄性不具颈部的白色披毛，雄性冬毛的肩背部具马鞍状的大片白斑。雄性个体的双角在所有盘羊族物种中最为粗大，成年雄性完全长成的角可弯曲盘绕超过一周，长度可达160厘米。雌性的双角在所有盘羊族物种中为最长。

分布

阿尔泰盘羊主要分布于阿尔泰山脉至蒙古高原西部的俄罗斯、中国、蒙古、哈萨克斯坦。国内见于新疆东北部靠近中蒙、中俄边境的阿尔泰山区域。

 国家重点保护
野生动物
二级

 IUCN
红色名录
NT

 CITES
附录
附录 II

哈萨克盘羊

Ovis collium

哺乳纲 / 偶蹄目 / 牛科

形态特征

雄性头体长165-200厘米，体重108-160千克；雌性头体长135-160厘米，体重43-62千克。整体形态与天山盘羊相似，但双角稍小。

分布

主要分布于哈萨克斯坦，并向东延伸至中国。国内为边缘性分布，仅见于新疆西北部接近中哈边境的区域。

 国家重点保护
野生动物
二级

 IUCN
红色名录
NE

 CITES
附录
附录Ⅱ

戈壁盘羊

Ovis darwini

哺乳纲 / 偶蹄目 / 牛科

形态特征

头体长130-160厘米。雄性体重116-155千克，雌性体重48-66千克。整体形态特征与阿尔泰盘羊相似，雄性颈部亦无白色披毛，雄性冬毛的肩背部具马鞍状的大片白斑。雄性双角与阿尔泰盘羊同样粗大，但长度略短。

分布

戈壁盘羊分布于蒙古高原。国内分布于新疆北部（阿尔泰山脉东南）、内蒙古北部（靠近中蒙边境）和甘肃西北部。国外分布于蒙古。

 国家重点保护
野生动物
二级

 IUCN
红色名录
NE

 CITES
附录
附录II

戈壁盘羊

西藏盘羊

Ovis hodgsoni

哺乳纲 / 偶蹄目 / 牛科

形态特征

　　形似绵羊但身体壮实的山地有蹄类。雄性体型（头体长160-180厘米，体重95-180千克，最大可达200千克）大于雌性（头体长145-175厘米，体重60-100千克）。其背部毛色为棕灰色至棕黄色，腹部和臀部则为白色至浅灰色。成年个体，尤其是雄性，在体侧和四肢前部有明显的黑色条纹。成年雄性在脖颈处长有显眼的白色披毛，长毛可垂至胸部。冬毛比夏毛更为浓密厚实。雌雄均长有双角。雄性的双角粗大而壮观，全长可达150厘米以上，重量可达23千克。雄性双角基部粗壮滚圆，角上密布环纹，两角均略向外向后弯曲，然后又向下向前弯转，角尖呈薄片状，向上向外翻转，从而形成盘绕接近一周（通常达不到完整的360度）的螺旋状。雄性双角上常可见到相互打斗撞击后留下的破损痕迹或导致的角尖折断。雌性的双角则小得多，通常不足50厘米长，也相对更为纤细，略为向后弯曲延伸。尾极短。

分布

　　广泛分布于中亚至青藏高原、蒙古高原的广大地区，并延伸至西伯利亚南部的部分地区。历史分布记录显示，在我国的分布区曾东抵华北地区（山西及其附近山地）。国内主要分布在青藏高原及其周边山地，包括甘肃西南部、四川西部、青海、西藏。

 国家重点保护
野生动物
一级

 IUCN
红色名录
NE

 CITES
附录
附录 I

天山盘羊

Ovis karelini

哺乳纲 / 偶蹄目 / 牛科

形态特征

头体长155-190厘米。雄性体重95-155千克，雌性体重45-70千克。整体形态与帕米尔盘羊相似，但毛色更深，双角更粗且螺旋的螺距更紧，长度可达129厘米。

分布

天山盘羊主要分布于天山山脉。国内分布于新疆西部至中部的天山山脉，最东至乌鲁木齐附近的山地。国外分布于哈萨克斯坦、吉尔吉斯斯坦。

国家重点保护
野生动物
二级

IUCN
红色名录
NE

CITES
附录
附录 II

帕米尔盘羊

Ovis polii

哺乳纲 / 偶蹄目 / 牛科

形态特征

雄性头体长160-180厘米，体重100-135千克；雌性头体长140-150厘米，体重45-61千克。整体形态与阿尔泰盘羊相似，但体型稍小，雄性颈部具较明显的白色披毛。成年雄性的双角在所有盘羊族物种中为最长，可弯曲盘绕达一周半，长度可达190厘米。

分布

国内仅见于新疆西部高原地区。国外主要分布于阿富汗、吉尔吉斯斯坦、塔吉克斯坦、巴基斯坦等地。

中华鬣羚

Capricornis milneedwardsii

哺乳纲 / 偶蹄目 / 牛科

形态特征

　　形似山羊的壮实有蹄类动物。头体长140-190厘米。体重50-100千克。四肢较长，体型明显大于斑羚（体重是后者的3-6倍）。毛色以黑色为主，但四肢下部和臀部毛色为对比明显的棕红色至锈红色。腹部毛色较背部为浅。颈部背面具有特征性的长鬣毛，通常为白色至污白色。全身毛发较为粗糙。喉部常常为白色至浅棕黄色，形成一块较浅的喉斑。其双耳较长较大，形似驴耳，因此在许多地区被当地人称为山驴。雌雄均长有一对与斑羚相似的角，但双角更为粗壮，外形较直，角基部环纹更为发达。

分布

　　国内广泛分布于华中、华东、华南、西南和西北地区，包括陕西南部、甘肃南部、青海东南部、四川西部、云南、贵州、安徽、广西、西藏东部、重庆、湖北、江西、浙江、福建、广东等地。国外分布于老挝、缅甸、越南、泰国、柬埔寨。

 国家重点保护
野生动物
二级

 IUCN
红色名录
NE

 CITES
附录
附录 I

红鬃羚

Capricornis rubidus

哺乳纲 / 偶蹄目 / 牛科

形态特征

身体壮实的大型有蹄类动物。头体长140-155厘米。体重110-160千克，整体形态特征与中华鬣羚相似，而整体毛色为棕红色，额头、颈部、肩部和体侧下部棕红色尤显。颈部背面鬣毛较短，为棕红色至棕色，不甚明显。肩以后的背部显棕黑色，背脊中央具一条明显的黑色中线。四肢下部和腹部毛色稍浅，前肢上部的正面为黑色至棕黑色。口下部至颌下为白色。尾甚短，仅5厘米左右，为棕红色至棕黑色。雌雄个体均具一对与喜马拉雅鬣羚相似的角，但不及后者粗壮，略显尖细，且基部环纹更为明显。双耳大且长，耳郭外缘具黑色毛，而耳内部为白色至污白色。

分布

红鬃羚的具体分布范围缺乏系统研究。传统上认为其分布区极为狭窄，仅分布在缅甸北部与西北部靠近中国、印度边界的地区，近年来的调查显示在我国云南西部高黎贡山脉中南段（例如怒江傈僳族自治州泸水县）也有分布。

 国家重点保护
野生动物
二级

 IUCN
红色名录
NT

 CITES
附录
附录 I

台湾鬣羚

Capricornis swinhoei

哺乳纲 / 偶蹄目 / 牛科

形态特征

　　头体长90-110厘米。体重18-30千克，为鬣羚属中体型最小者。整体形态特征与斑羚（例如中华斑羚*Naemorhedus griseus*）更为相似，但具有斑羚属*Naemorhedus*所没有的明显眶下腺，成为其与斑羚属其他物种最明显的区别特征。整体毛色为棕色至棕黑色，四肢上部和颈肩部更深。颈部背面鬣毛不明显。两颌至喉部为浅黄色至沙黄色，与整体毛色对比明显。背部中央具一条狭窄的暗色纵纹，不甚明显。尾短小，不甚明显。雌雄均具双角，与鬣羚属其他物种相比较为尖细。角基部有明显的环纹突起，中上部相对光滑，略呈弧形，角尖向后。双耳大而长，耳郭内为浅色。

分布

　　中国特有种。仅分布于台湾。

 国家重点保护
野生动物
一级

 IUCN
红色名录
LC

 CITES
附录
未列入

喜马拉雅鬣羚

Capricornis thar

哺乳纲 / 偶蹄目 / 牛科

形态特征

形似山羊、身体壮实的大型有蹄类动物，四肢强壮。头体长140-170厘米。体重60-90千克。整体形态特征类似于中华鬣羚。其身体背部毛色黑，背部中央有一条深色中线。腹部毛色略浅，四肢和臀部毛色为对比明显的红棕色至锈红色。喉部为米黄色至浅棕色，唇部白色。成年个体的颈部背面具较长的鬣毛，通常为米黄色至灰黑色；相比于中华鬣羚，其鬣毛长度较短且颜色较深。尾较短，黑色。双耳大且长，形似驴耳，耳郭内缘有白毛。喜马拉雅鬣羚的雌雄个体均具一对与中华鬣羚相似的角，但比中华鬣羚的角更直、更粗壮，角尖直指后方并略向两侧分开。相比于中华鬣羚，喜马拉雅鬣羚的双角表面更为光滑，环纹较浅。

分布

喜马拉雅鬣羚分布于沿喜马拉雅山脉南坡的狭长区域。国内仅分布于西藏南部。国外分布于孟加拉国、不丹、印度、尼泊尔、缅甸西部。

 国家重点保护野生动物 一级　 IUCN 红色名录 NE　 CITES 附录 附录 I

河狸

Castor fiber

哺乳纲 / 啮齿目 / 河狸科

形态特征

体型很大。体长60-100厘米。体重可达30千克。尾长25厘米左右，大而扁平，卵圆形，无毛，覆盖有大的鳞片。后足有蹼，4趾有双重趾甲；前足小，有强大的爪。耳郭呈瓣膜式，潜水时可关闭。身体背面毛色栗色或棕褐色，间杂长的针毛。

分布

分布于欧洲和亚洲北部。国内边缘性分布于新疆。

 国家重点保护野生动物 一级　 IUCN 红色名录 LC　 CITES 附录 未列入

巨松鼠

Ratufa bicolor

哺乳纲 / 啮齿目 / 松鼠科

形态特征

最大的树栖性松鼠。身体修长，善于攀爬。耳郭显著并具有长长的簇毛，下颌、眼眶边缘黑色，颏部有2条长条形黑斑。体背部毛色为黑色、赤黑色、赤色、暗褐色或灰褐色。腹部白色，或白色夹杂褐色，或橙黄色。前足宽，前后足背黑色。尾长而蓬松。头骨粗壮结实，鼻骨前端向下弯曲。

分布

国内分布于云南、广西和海南。国外分布于印度、尼泊尔、中南半岛、印度尼西亚等地。

 国家重点保护野生动物 二级

 IUCN 红色名录 NT

 CITES 附录 附录II

贺兰山鼠兔

Ochotona argentata

哺乳纲 / 兔形目 / 鼠兔科

形态特征

个体较大，体重平均220克，体长平均约20厘米。夏季，贺兰山鼠兔整个背面为一致的棕红色，腹面毛基灰色，毛尖白色；耳灰色，边缘灰白色。冬季，整个背面为灰色、灰黑色，有些个体臀部带黄白色；仅有头部，包括额部、顶部、颊部为棕红色，或者赭色；耳颜色和夏季同，略带黄棕色色调；腹面和夏毛一致。前后足毛灰白色，有时刷以淡黄色。足底裸露，不像高原鼠兔的足底，被浓密的毛覆盖。贺兰山鼠兔的鼻端和唇周也是灰黑色。头骨上，腭孔和门齿孔分为2个孔，眶间宽较大。颜面相对平直。

分布

中国特有种。仅分布于宁夏和内蒙古之间的贺兰山。分布区十分狭窄，位于针叶林上限和高山裸岩之间的狭长地带中。栖息于山脊崩塌带，位于森林内，或森林以上的巨大的乱石堆中或乱石堆形成的洞穴中。为典型的石栖型。

 国家重点保护
野生动物
二级

 IUCN
红色名录
EN

 CITES
附录
未列入

伊犁鼠兔

Ochotona iliensis

哺乳纲 / 兔形目 / 鼠兔科

形态特征

体型较大。体长平均超过20厘米。后足达4.2-4.3厘米。耳亦较大,3.6-3.7厘米。头额、顶部和颈两侧有3块鲜艳的锈棕色斑。额部平坦,眶间宽达0.53厘米;大于颅基长的11%。颅全长达到4.5-4.8厘米。不同季节毛色有一定差异,冬季体背淡黄色,夏季背部毛色灰色。耳多毛,耳缘有明显的赤褐色毛,耳不似其他种类圆。脸部也多毛,尤其靠近耳的区域,毛长而浓密。后足底部有厚实的黄色毛。头骨上,门齿孔和腭孔合并为一个大孔,额骨上没有卵圆孔。

分布

中国特有种。仅分布于新疆天山山地,包括南天山和北天山海拔2800米以上的裸岩区。

 国家重点保护
野生动物
二级

 IUCN
红色名录
EN

 CITES
附录
未列入

粗毛兔

Caprolagus hispidus

哺乳纲 / 兔形目 / 兔科

形态特征

体长40.5-53.8厘米。平均体重2.5千克，眼睛小。耳短而宽，被毛两层：外层为粗糙刚毛，下层细短毛；外层棕色，底层毛发棕白色。尾被覆粗糙刚毛和细短毛两层被毛，粗糙刚毛为棕色，下层短毛色浅。后腿比前肢短，粗壮，爪强大。

分布

国内分布于西藏的喜马拉雅山脉。国外零星分布于印度、尼泊尔、不丹、孟加拉国。

 国家重点保护野生动物 二级　　 **IUCN 红色名录** EN　　 **CITES 附录** 附录 I

海南兔

Lepus hainanus

哺乳纲 / 兔形目 / 兔科

形态特征

为我国野兔中最小的种类，体长平均38厘米，体重平均约1.5千克，尾长平均5.3厘米，超过后足长的55%。眼睛上部到鼻端灰白色。颌下被毛白色。耳部前沿有白色长毛。毛色红褐色或黄褐色。毛短，有针毛。胸前和前肢毛色枯黄，腹毛灰白色。尾黄褐色。

分布

中国特有种。分布于海南南俸、海口、陵水、东方、白沙、儋州、乐东、昌江等地。

 国家重点保护野生动物 二级　　 **IUCN 红色名录** EN　　 **CITES 附录** 未列入

雪兔

Lepus timidus

哺乳纲 / 兔形目 / 兔科

形态特征

个体较大。体长一般在45-62.5厘米（平均51厘米）。体重可达2.7千克。显著特点是尾短，不足8厘米，不到后足长的40%。足底毛长，呈刷状。冬季的毛全白，仅耳尖黑色。是我国唯一冬季全身变白的野兔。夏季棕褐色，但尾和腹部白色。头骨很大，颅全长平均超过9厘米，和高原兔相当，但不同于高原兔的是下颌骨冠状突垂直向上。吻部粗短。

分布

国内呈边缘性分布于黑龙江北部、内蒙古东北部、新疆北部的阿勒泰地区。国外分布广，从挪威、瑞典、芬兰到俄罗斯东部。

国家重点保护野生动物 二级	IUCN 红色名录 LC	CITES 附录 未列入

塔里木兔

Lepus yarkandensis

哺乳纲 / 兔形目 / 兔科

形态特征

体型是兔属中最小的种类之一，比海南兔略大。体长28-45厘米。体重1-2千克。耳长平均10厘米，占后足长的98%左右，向前拉，超过鼻端。夏毛背部沙褐色，至体侧毛色逐渐变浅，呈沙黄色。眼周围毛色深，为深沙褐色。颊部毛色较浅。耳背毛色与背色同，耳边缘有白色长毛，无黑色尖。颏毛色全白，颈下部沙黄色。腹毛全白。前后腿外侧沙褐色，内侧白色。冬毛较浅，背毛变为浅沙棕色，由眼至耳前方呈黄白色。尾背面中央有一个与背色相同的大斑块，斑的周围和尾的腹面毛色纯白，直到毛的基部；其毛极软，没有较粗硬的针毛。头骨上，听泡大，平均1.42厘米，占颅全长的16.6%，是中国野兔中比例最高者。

分布

中国特有种。仅分布在新疆塔里木盆地。

国家重点保护野生动物 二级	IUCN 红色名录 NT	CITES 附录 未列入

儒艮

Dugong dugon

哺乳纲 / 海牛目 / 儒艮科

 国家重点保护野生动物 一级　 IUCN 红色名录 VU　CITES 附录 附录 I

形态特征

体型很大，呈圆柱形。其最大体长可达3.3米，成体平均长约2.7米。体呈纺锤形，身体的后部侧扁。具有厚实、光滑的皮肤，幼崽出生时为淡奶油色，但随着年龄的增长，其背部和侧面变暗至棕褐色至深灰色，身体颜色会因藻类在皮肤上的寄生而改变。头部较小，略微呈圆形。鼻孔位于头部的顶部，可以用阀门将其关闭。在头骨背面，含有鼻孔的腔向后伸展到眼眶的前缘之后。雄性个体的前颌骨比雌性的厚实。在雄性个体中，恒齿中的后上门齿形成獠牙，乳门齿在獠牙萌出时消失。而在雌性个体中，小而被部分吸收的乳门齿可存留约30年。肌肉发达的上唇有助于其进行觅食，上唇略呈马蹄形。嘴吻弯向腹面，其前端扁平，称为吻盘。眼睛和耳朵都很小，视力有限，但是在较窄的声音阈值内却能保持敏锐的听力。鳍肢短，约为成体体长的15%，梢端圆，无指甲。尾叶水平，略呈三角形，后缘中央有1个缺刻。有2个乳头，每个鸭脚板后面都有1个。雄性个体的睾丸不在外部，而是在腹腔内。雄性和雌性之间的主要区别是生殖孔的位置相对于脐带和肛门。

分布

分布于印度洋、太平洋的热带及亚热带沿岸和岛屿水域、海湾和海峡内的水域；北至琉球群岛，南至澳大利亚中部沿岸，西至东非。国内分布于南海（广西、广东和海南）。

北太平洋露脊鲸

Eubalaena japonica

哺乳纲 / 鲸目 / 露脊鲸科

形态特征

　　大多数个体为黑色，腹面色淡。有些个体体表有大块白色斑点。头长约体长的1/3。头部有附生鲸虱形成的黄白色疣。吻端顶端有"帽"。须长达3米左右，嘴内侧200-270枚。成年体长可达19米以上，体重可达90吨。雌性个体比雄性大。背侧呈拱形，无背鳍或背脊。下巴很窄。气孔2个，通常会喷出高达5米的"V"形水雾柱。

分布

　　国内见于黄海、东海。国外见于美国、墨西哥、加拿大、俄罗斯、日本、朝鲜、韩国。

国家重点保护野生动物 一级	IUCN 红色名录 EN	CITES 附录 附录 I

灰鲸

Eschrichtius robustus

哺乳纲 / 鲸目 / 灰鲸科

形态特征

　　背部呈深灰色，腹部稍浅，全身覆盖着典型的灰白色花纹。新生个体的体长约4.9米，成年个体的体长13-15米。新生儿的颜色深灰色到黑色。成年灰鲸体长可达40吨，一般15-33吨，是第九大体型的鲸类动物。头部较短，上颌吻端钝圆，下颌吻端突出，眼睛紧邻口角上方。头顶上有2个气孔。胸鳍短小，末端圆形。没有背鳍，有6-12个背脊，在尾部中线上突起，缺刻很深，两叶成对称状，梢端钝圆。区分灰鲸和其他须鲸的显著特征是须，它们的长须为奶油色、灰白色或金色，而且异常短。头部的腹侧表面不像其他同类的须鲸那样有许多明显的沟，而是在喉咙的下面有2-5个浅浅的沟。

分布

　　分布于北太平洋。国内分布于渤海、黄海、东海和南海水域。

 国家重点保护
野生动物
一级

 IUCN
红色名录
LC

 CITES
附录
附录 I

蓝鲸

Balaenoptera musculus

哺乳纲 / 鲸目 / 须鲸科

形态特征

世界上现存的体型最大的动物。雌性略大于雄性，体呈流线型。全身深蓝灰色，腹部色淡，背部具有浅色斑点分布，体侧与下方的斑点则为白色或灰色。头部巨大，约占体长的1/4。下颌略长于上颌，具有一对呼吸孔，吻端至呼吸孔有一条棱脊。眼位于口角上方，呼吸孔的下方。腹部褶沟长度由中间向两侧逐渐缩短。鳍肢较狭窄，梢端钝尖。背鳍位于吻端向后的3/4体长处，相对较小。尾鳍宽大，其宽度为体长的1/5至1/4。

分布

分布于北太平洋、北大西洋、印度洋及南极水域。国内分布于黄海、东海和南海。

 国家重点保护野生动物 一级　 IUCN 红色名录 EN　 CITES 附录 附录 I

小须鲸

Balaenoptera acutorostrata

哺乳纲 / 鲸目 / 须鲸科

形态特征

体长6-7米，黄海捕获的最大雌鲸体长8.6米，雄鲸7.9米。其体背面黑色至暗灰色，腹面白色，体侧有一些颜色介于两者之间的条纹或斑纹。有些条纹伸到头部后方的背部。头部较小，吻突很窄，前端尖。上颌每侧有231-360块鲸须板，淡黄色，鲸须板长约17厘米（Kato, 1992）。眼小，呈椭圆形。头部有2个呼吸孔，背面中央有显著的脊。腹褶自颏至脐的前方，30-70条。鳍肢小。背鳍较高，向后弯，位于吻端向后约2/3体长处。尾鳍较宽，后缘有缺刻。该种最独特的色斑是鳍肢有1条宽20-35厘米的白色横斑。北半球和南半球的小须鲸均具此横斑，当它们接近水面时通常可透过水见到此斑。而南半球的南极小须鲸（*Balanoptera bonarensis*）不具此斑。

分布

分布于北太平洋、北大西洋等。国内分布于渤海、黄海、东海和南海水域。

 国家重点保护野生动物 一级　　 **IUCN 红色名录** LC　　 **CITES 附录** 附录 I

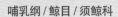
塞鲸

Balaenoptera borealis

哺乳纲 / 鲸目 / 须鲸科

形态特征

　　成年长可达18米。体重达45吨。雌性比雄性稍大一些。头部微微拱起，从侧面看尖端向下。吻端有一个突出的纵向嵴。镰状背鳍突出。体呈流线型。背鳍前沿陡峭。体色深灰色或棕色，接近黑色，腹部白色。皮肤表面有镀锌光泽。背部常有斑驳的疤痕，口腔两边各有219-402片黑色须板，条纹细，浅烟灰色至白色。

分布

　　全球广布。国内各海域均有。

 国家重点保护
野生动物
一级

 IUCN
红色名录
EN

 CITES
附录
附录 I

布氏鲸

Balaenoptera edeni

哺乳纲 / 鲸目 / 须鲸科

形态特征

体较细长，呈流线型，容易与塞鲸（*Balaenoptera borealis*）混淆，但仍可透过外形差异分辨。体型较小（体长约14米），且吻突上方有3条嵴突，自吻部尖端延伸到头部后方。体背部呈烟灰色，身上常有达摩鲨咬痕愈合的斑点，腹部浅白色，两侧下颚是深灰色。有250-370对鲸须板，长约40厘米，宽约20厘米。属于较短的鲸须板，板片部分灰色，刷状毛为灰白色。腹部有40-70条垂直的喉腹褶，会延伸到肚脐的位置，占身长比例57%-58%。背鳍高且镰刀状，胸鳍比例小，尾鳍较宽。

分布

分布于太平洋、印度洋和大西洋，主要生活在热带和温带海域。国内分布于东海、南海和黄海水域。

国家重点保护野生动物	IUCN红色名录	CITES附录
一级	LC	附录 I

大村鲸

Balaenoptera omurai

哺乳纲 / 鲸目 / 须鲸科

形态特征

　　身体光滑，呈流线型。成年个体体长一般不超过11.5米。最大体量不超过20吨。雌性可能比雄性稍大。体色模式还未完全被记录。已知个体体色是反色的，背部暗，腹面亮。下颌右边白色，左边黑色。一些个体身上有浅色条纹，从腹部一直延伸到背部。喉褶，80-90条，达到肚脐。鲸须板，180-210对，短而宽。吻突部有一个突出脊。背鳍高，呈镰状。尾鳍很宽，尾缘直。蹼足前边缘和内表面白色，尾部腹面白色，边缘黑色。

分布

　　国内分布于东海、南海、黄海。国外分布于太平洋（菲律宾、马来西亚、日本、泰国、印度尼西亚、越南、澳大利亚、科科斯群岛、所罗门群岛海域）、大西洋（非洲西北部、南美洲东北部海域）、印度洋（波斯湾、红海、斯里兰卡海域）。

国家重点保护
野生动物
一级

IUCN
红色名录
DD

CITES
附录
附录 I

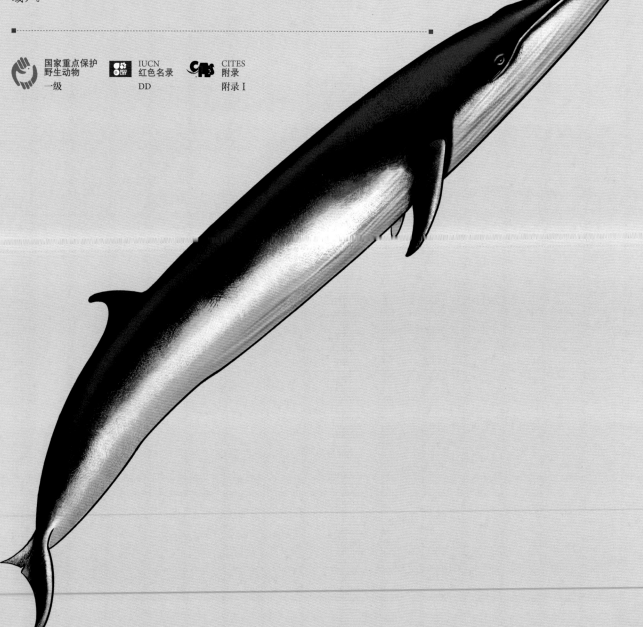

长须鲸

Balaenoptera physalus

哺乳纲 / 鲸目 / 须鲸科

形态特征

　　仅次于蓝鲸的第二大须鲸。体细长，雌鲸一般稍长于雄鲸。体背和侧面为灰黑色，腹部白色。头部约占整个体长的1/4，头部顶端有2个呼吸孔，呼吸孔之后的背部有"V"字形的灰色斑。口较大，椭圆形的眼位于口角上方。具有50-100条腹褶，由下颌一直延伸到脐部。鳍肢小而狭长，末端较尖，鳍肢附近至褶沟后部之间具有2条黑色带。背鳍位于体背的2/3处。尾鳍较宽，后缘中央凹入。鲸须板灰色带纹，须毛为黄白色，每侧各有260-480块。该种有一最显著的鉴别特征为头部颜色的左右不对称，右侧下颌为白色，而左侧下颌为黑色。

分布

　　分布于各大洋中。国内分布于黄渤海、东海和南海海域。

 国家重点保护
野生动物
一级

 IUCN
红色名录
VU

 CITES
附录
附录 I

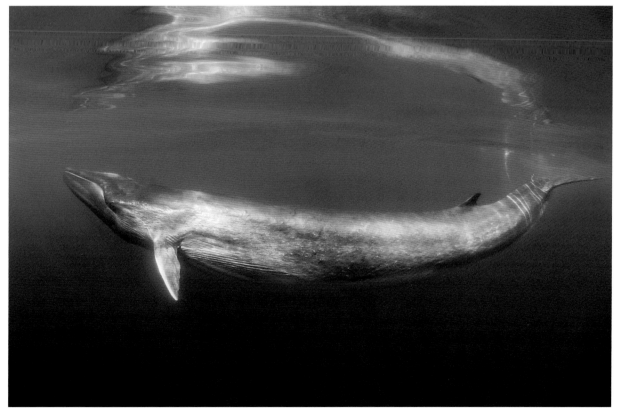

大翅鲸

Megaptera novaeangliae

哺乳纲 / 鲸目 / 须鲸科

形态特征

体色多样，有全身黑色的个体，也有体背黑色而在喉、腹部和体侧有白斑的个体。成体体长为11-16米，雌性个体大于雄性。与其他须鲸科的物种相比，体粗短肥硕，腹褶宽而数量少。吻短宽且较低，上颌比下颌窄，吻突、上下颌和头背部具有许多瘤状突。两眼位于口角上侧，外耳孔位于眼后，具有2个呼吸孔。鳍肢宽且极长，背鳍小，近似三角形，尾鳍中央有缺刻，后缘凹呈锯齿状。

分布

分布极广，栖息于各大洋中，北半球的北太平洋、北大西洋均有分布；南半球从南极海域到南美的西部、东部沿岸，大洋洲的美拉尼西亚和波利尼西亚的一些群岛，南非东部、西部沿岸，澳大利亚的东部、西部沿岸有分布。国内分布于黄海、东海、南海。

 国家重点保护
野生动物
一级

 IUCN
红色名录
LC

 CITES
附录
附录 I

白鱀豚

Lipotes vexillifer

哺乳纲 / 鲸目 / 白鱀豚科

国家重点保护野生动物 一级　　IUCN 红色名录 CR　　CITES 附录 附录Ⅰ

形态特征

　　背部青灰色，腹部白色，体侧、背鳍、鳍肢背面和尾鳍背面为淡青灰色，鳍肢腹面和尾鳍腹面为白色。上颌下缘和下颌为白色且几乎等长，在颅骨背方有一上鼻道通到呼吸孔，皮肤的基本结构与其他海豚相似。成年体长一般为1.4-1.7米，雌性个体明显大于雄性个体，雌性最大体长可达2.53米，雄性最大体长为2.29米。吻突狭长，微上翘，占体长的比例较大，可达15%，额隆圆。眼位于口角后上方，耳孔位于眼后稍下方。鳍肢宽且梢端钝圆，从吻端向后约2/3体长处有三角形的背鳍，尾鳍宽大，后缘凹入，有缺刻。

分布

　　中国特有种。仅栖息于长江中，主要分布于长江中下游的干流中，上限至宜昌江段，下限至长江口。

恒河豚

Platanista gangetica

哺乳纲 / 鲸目 / 恒河豚科

形态特征

　　成年雌性体长可达400厘米。成体体重51-89千克。性成熟时，雌性比雄性大。体色灰色到棕色，有的个体腹部粉红色。背部颜色通常比腹部颜色深。鼻长达体长的20%。性成熟时雌性鼻子比雄性稍长。喙相对平坦，尖端变得宽，微微向上弯曲，长度可达21厘米。上颚和下颚都有锋利的牙齿。鳍长达体长的18%。尾鳍长达46厘米。它的背鳍像背上一个驼峰，通常只有几厘米高。

分布

　　国内分布于西藏。国外分布于孟加拉国、印度、尼泊尔、巴基斯坦。

国家重点保护野生动物 一级　　IUCN 红色名录 EN　　CITES 附录 附录Ⅰ

中华白海豚

Sousa chinensis

哺乳纲 / 鲸目 / 海豚科

国家重点保护野生动物 一级　IUCN红色名录 VU　CITES附录 附录Ⅰ

形态特征

体修长，呈纺锤形，体重200-250千克，最重可达280千克。刚出生的白海豚约1米，性成熟个体体长2.0-2.5米，雄性最大体长可达3.2米，雌性可达2.5米。吻突侧扁且长，下颌略长于上颌。头顶上方有新月形的呼吸孔，凹缘向前。眼小呈椭圆形，具有舟形眼眶，耳孔位于眼的后上方。额隆不高，与吻突间有明显的"V"形折痕。胸鳍较圆浑，基部较宽，梢端圆。背鳍较大，略呈三角形，位于近中央处，其后缘略凹，背鳍基部增厚。尾鳍中间有缺刻，以中央缺刻分成左右对称的两叶。中华白海豚在不同的年龄段，体色具有明显的变化，幼体时为暗灰色，亚成体灰色和粉红色相杂，成体纯白色，常由于充血而透出粉红色。亚成体和成体的身体上有暗色斑点。

分布

主要分布于印度洋和西太平洋沿岸，重点分布区包括非洲东岸、阿拉伯水域、印度西海岸、澳大利亚。据推测其总数在6000头左右，而我国是全球最重要的中华白海豚栖息地，种群数量4000-5000头。国内主要分布于福建沿海，包括厦门、东山湾、泉州湾和宁德；珠江口，包括珠江河口和香港；广西沿海，包括三娘湾、合浦等地；湛江雷州湾；海南和台湾西岸。其中珠江口种群和湛江种群是全世界最大的两个白海豚种群。

糙齿海豚

Steno bredanensis

哺乳纲 / 鲸目 / 海豚科

形态特征

体型稍大。成年个体的体长为2.09-2.83米，体重则为90-155千克，雄性的体型较雌性稍大。体背由黑色到暗灰色，体侧灰色，背鳍与胸鳍则是深灰色，腹部白色。口裂较大，眼睛位于口角的后上方。鳍肢较长，末端尖。背鳍较高，顶端尖，18-28厘米。尾鳍也较大，后缘内弯，缺刻明显。与其他外观相似的海豚相比，它们最显著的区别特征是：锥形的头部和窄长的吻部，和其他吻部较短或有明显突起额隆的海豚种类不同。如其中文名所示，此物种的牙齿相当独特，表面有粗糙的纵痕。每侧（上颚或下颚）各有19-28颗牙齿。

分布

主要分布于热带和亚热带地区。国内分布于东海和南海水域。

热带点斑原海豚

Stenella attenuata

哺乳纲 / 鲸目 / 海豚科

形态特征

体呈流线型。雌性成体长1.6-2.4米，雄性1.6-2.6米。体重最大记录为119千克。喙细长。背鳍窄，呈镰状，末端略圆，鳍肢细，强烈下弯。黑色背"帽"位于鳍的上方。出生时没有斑点，成年后，黑色背"帽"上有不同程度的白色斑纹。腹部有延伸的条纹。成体腹部灰色，嘴唇和喙尖亮白色。深灰色条纹环绕着眼睛，一直延伸到背"帽"顶端，形成一条窄的眼纹。年幼个体腹部有暗斑点。深海个体背腹部体色对比度比近海个体小。

分布

分布于热带和亚热带海域。国内分布于东海、南海。

 国家重点保护
野生动物
二级

 IUCN
红色名录
LC

 CITES
附录
附录Ⅱ

条纹原海豚

Stenella coeruleoalba

哺乳纲 / 鲸目 / 海豚科

形态特征

　　体呈流线型。成体体长1.8-2.5米，雄性平均最大体长2.4米，雌性2.2米。成体体重为90-150千克。躯体背面呈蓝色、白色或粉红色，身体两侧有独特的指状条纹。体稍粗，喙中等长，上下颚齿各为78-110颗。呼吸孔位于头顶，眼位于口角的后上方，眼睛与胸鳍前端亦有过眼线，眼睛到腹部有细条纹。一两个黑带环绕眼睛，然后穿过后背到达鳍状肢。鳍肢狭长，末端尖。背鳍呈镰刀形，鳍肢和背鳍为深灰色到黑色。尾鳍较宽，中央的缺刻较深。

分布

　　分布于大西洋、太平洋、印度洋的热带和温带水域，以及地中海。国内分布于台湾苏澳附近沿海。

 国家重点保护
野生动物
二级

 IUCN
红色名录
LC

 CITES
附录
附录Ⅱ

飞旋原海豚

Stenella longirostris

哺乳纲 / 鲸目 / 海豚科

形态特征

成体体长1.29-2.35米，体重在40千克左右，也有体长2.40米左右的雄性体重达77千克的记录。体细长，吻突明显细长，发现最长者为其体长的8.1%-9.9%。体背黑色或黑灰色，腹部白色。额隆很高较平稳向额后延伸，吻和额具有明显的界限。背鳍一般呈三角形，但有各种变化，大多数略显镰刀状。因生长阶段不同而具有不同的体色，并具有地理差异。在多数地区，个体呈现三色色斑，而东太平洋地区有些呈现单一的体色。

分布

广泛分布于太平洋、大西洋、印度洋热带和亚热带海域，在东太平洋中美洲热带海域和夏威夷周边发现居多。有明显的地区变异，在大多数海洋中，飞旋原海豚往往生活在近海水域、岛屿或河岸地区，但在热带太平洋东部，往往生活在离岸较远的水域。我国主要见于广西、香港、海南、台湾等海域。

 国家重点保护
野生动物
二级

 IUCN
红色名录
LC

 CITES
附录
附录II

长喙真海豚

Delphinus capensis

哺乳纲 / 鲸目 / 海豚科

国家重点保护
野生动物
二级

IUCN
红色名录
NE

CITES
附录
附录 II

形态特征

体型中等大小。成体身长1.9-2.5米，体重80-235千克，80-150千克更常见。雄性一般较长较重。背部为深色，腹部为白色，两侧为沙漏图案，前为淡灰色、黄色或金色，后为脏灰色。头顶上有一个圆形的"帽"，用于回声定位。喙又长又薄，牙齿比其他海豚类多，每一个颚两侧各有多达60颗尖锐的、互锁的小牙齿。

分布

分布于热带和亚热带沿海地区。

真海豚

Delphinus delphis

哺乳纲 / 鲸目 / 海豚科

形态特征

成年雌性体长1.6-2.2米，雄性1.7-2.3米。体重达200千克。背鳍镰状，端尖。喙为中等长度，"帽"圆，凸出。在"帽"和喙之间有一条深折痕。鳍肢细长、弯曲、端尖。背部深褐色至灰色，腹部白色，胸部呈棕褐色至赭色。胸部有斑块，位于背鳍下方，与尾部浅灰色条纹相结合，形成了体侧面的横放沙漏图案。嘴唇黑色。喙上表面通常浅灰色。

分布

多见于热带至温带海域。我国见于东海、南海。

 国家重点保护
野生动物
二级

 IUCN
红色名录
LC

 CITES
附录
附录II

印太瓶鼻海豚

Tursiops aduncus

哺乳纲 / 鲸目 / 海豚科

 国家重点保护
野生动物
二级

 IUCN
红色名录
NT

 CITES
附录
附录 II

形态特征

体长可达2.6米，重230千克左右。体型如宽吻海豚，吻突稍长于宽吻海豚。背鳍位于体背中部，梢端后倾，后缘微凹。鳍肢基部宽，梢端尖，尾鳍后缘有缺刻。背部深灰色，腹部近白色，有浅灰色或只有灰色斑点。鳍肢前基至眼部有一灰色带，喉部、胸部、腹部白色区散布灰色斑点，该斑点疏密程度在个体间有很大差异。上下颌每侧有齿23-25枚。

分布

间断分布于印度洋、太平洋的暖温带和热带海域。国内分布于东海和南海。

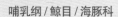

瓶鼻海豚

Tursiops truncatus

哺乳纲 / 鲸目 / 海豚科

形态特征

体型大且粗壮。成体体长2.2-3.9米,平均体长2.9米,雄性个体大于雌性个体,体重大者可达650千克。背部和体色为黑色或暗灰色,腹面灰白色且不具有暗色斑点。吻突粗短结实,下颌比上颌略长,额隆微凸,与吻突之间有一条界限分明的凹痕。椭圆形的眼位于口角的后上方。头背部中间有一新月形的呼吸孔。鳍肢基部宽、梢端尖,鳍肢宽度约为其长度的1/3。背鳍高,位于体背中部,呈镰刀形。尾叶中间有一缺刻,后缘弯曲。

分布

分布在温带和热带的各大海洋中,沿岸和近岸海域出现较多。在大西洋、印度洋、太平洋、地中海、黑海水域均有发现,通常不超过南北纬45°。是世界范围内研究得最多的海豚。国内分布于黄海、渤海、东海。

 国家重点保护
野生动物
二级

 IUCN
红色名录
LC

 CITES
附录
附录II

弗氏海豚

Lagenodelphis hosei

哺乳纲 / 鲸目 / 海豚科

形态特征

雄性最大体长为2.7米，雌性2.6米，身体结实。背鳍短，呈三角形，成年雄性的背鳍直立。尾缘凹。喙粗短。成年雄性通常有一个较大的结缔组织组成的后肛门隆起。背部为深褐色或灰色，下侧为奶油色，腹部为白色或粉色。幼年个体可能有粉红色的腹部。嘴唇和喙尖端黑色，从上颚的尖端到"帽"的顶端有一条黑色条纹。每个下颚有38-44对牙齿。

分布

弗氏海豚主要分布在太平洋深处，多见于热带海域。我国见于东海、南海。

 国家重点保护
野生动物
二级

 IUCN
红色名录
LC

 CITES
附录
附录 II

里氏海豚

Grampus griseus

哺乳纲 / 鲸目 / 海豚科

形态特征

体呈纺锤形，长度一般为3米。和大多数海豚一样，雄性通常比雌性略大，体重为300-500千克，使其成为最大的海豚。刚出生的里氏海豚背部为灰色至棕色，腹部为奶油色，在胸鳍和喙之间有一块白色的锚状区域。在年龄较大的幼豚身上，非白色的部分会变暗，接近黑色，然后变浅（除了总是黑色的背鳍）。本种身体大部分区域会有在社交过程中产生的伤痕。伤痕为齿鲸类的一个共同特征，但往往里氏海豚的伤痕更为严重。老年个体皮肤大多呈白色。全面布满灰白色条状斑纹。头钝圆，头部有一个垂直的折痕，新月形的呼吸孔凹缘向前。下颌联合短，上颌无齿，仅在下颌前部有2-7对齿，通常为3-4对，这是该种主要特征之一。成体的部分或全部齿可能磨短或消失。鳍肢长而似镰刀状，有一个相对较大的前体和背鳍，而后逐渐缩小到一个相对狭窄的尾鳍。

分布

里氏海豚分布于各大洋的热带和温带海域。我国分布于黄海、东海和南海水域。

 国家重点保护
野生动物
二级

 IUCN
红色名录
LC

 CITES
附录
附录 II

太平洋斑纹海豚

Lagenorhynchus obliquidens

哺乳纲 / 鲸目 / 海豚科

国家重点保护野生动物　二级
IUCN红色名录　LC
CITES附录　附录Ⅱ

形态特征

雄性体长2.5米左右，雌性2.4米左右。最大体重约198千克。背部深灰色，体侧面浅灰色，白色腹部衬托出黑色镶边。浅灰色条纹从眼睛向后延伸，通过背鳍，扩展到翼片。胸部有浅灰色"吊带条纹"。嘴唇和喙尖黑色，下颌大部白色。背鳍前部深灰色，后部浅灰色到白色。鳍状肢表面有光斑。身体粗壮，喙短。鳍足下弯，尖端略圆。脊鳍大且强烈下弯。年老个体背鳍钩状或叶状。尾鳍后缘稍凹，具中间缺口。下颌每边有23-36对细小、锋利的牙齿。

分布

分布于太平洋各海域。国内见于黄海、东海、南海。

瓜头鲸

Peponocephala electra

哺乳纲 / 鲸目 / 海豚科

形态特征

最大体长约为2.78米，雄性略大于雌性。已知最大体重约275千克。体表炭灰色至深灰色，有边缘不规则的白色泌尿生殖斑。从眼睛到喙尖有一条暗条纹。苍白的气孔条纹在上颚尖端时变宽。背鳍高，位背部中部，略呈镰状。成年个体头部球茎状。蹼足呈镰刀状，顶端尖。与雌性相比，雄性额头前部的"帽"更圆，鳍更长，背鳍更高，尾部有称为龙骨的肛门后隆起。每排有20-25枚细小的牙齿。

分布

遍布世界各地热带和亚热带深水海域。国内分布于东海和南海。

 国家重点保护
野生动物
二级

 IUCN
红色名录
LC

 CITES
附录
附录 II

虎鲸

Orcinus orca

哺乳纲 / 鲸目 / 海豚科

形态特征

　　体型极为粗壮，体色黑白分明，是海豚科中体型最大的物种。身体大小、鳍肢大小和背鳍高度有明显的性二型。雄性成体的背鳍直立，高可达1.0-1.8米，雌性的背鳍有明显的镰刀形，高低于1米。头部呈圆锥状，没有突出的喙。胸鳍大而宽阔，大致呈圆形。上、下颚各有10-14对大而尖锐的牙齿。其体色主要由黑与白这两种对比分明的色彩组成，位于身体腹面的白色区域自下颚往后延伸至尾部处，在全黑的胸鳍之间变得狭窄，到了肚脐后方产生分歧，鳍肢腹面亦为白色。背部与体侧皆为黑色，但在生殖裂附近的侧腹处有白色斑块，眼睛斜后方亦有明显的椭圆形白斑。在背鳍后方有呈灰色至白色的马鞍状斑纹，尾鳍厚而大。

分布

　　世界各大洋均有分布。我国分布于渤海、黄海和东海水域。

 国家重点保护
野生动物
二级

 IUCN
红色名录
DD

 CITES
附录
附录Ⅱ

伪虎鲸

Pseudorca crassidens

哺乳纲 / 鲸目 / 海豚科

国家重点保护
野生动物
二级

IUCN
红色名录
NT

CITES
附录
附录Ⅱ

形态特征

　　成年雄性体长可达6米，雌性可达5米。雄性体重可达2000千克。身体细长，呈雪茄形。体色深灰色至黑色，胸腹部有浅灰色斑点，头部有时有浅灰色区域。瓜"帽"圆形(雄性的"帽"比雌性的大)，无清晰可辨的喙。背鳍呈镰状，位于背部中点附近。鳍状肢尖端圆形，前缘有一个典型的驼峰，是该物种鉴定特征。上下颚有7-12对大的圆锥形牙齿。

分布

　　伪虎鲸生活于世界各地暖温带至热带海域。国内见于渤海、黄海、东海、南海。

小虎鲸

Feresa attenuata

哺乳纲 / 鲸目 / 海豚科

国家重点保护
野生动物
二级

IUCN
红色名录
LC

CITES
附录
附录Ⅱ

形态特征

　　成年身长2.6米。最大体重225千克。雄性比雌性稍大。头部轮廓球根状，没有喙。背鳍高，呈镰状，以平缓角度从背部上升。前缘凸，后缘凹。体色深灰色至黑色。腹带白色至浅灰色，在生殖器周围变宽。嘴唇和喙尖白色。牙冠上有1块深色斑，从气孔后面一直延伸到口腔。上颚有8-11对牙齿，下颚有11-13对牙齿。

分布

　　小虎鲸分布广泛，几乎遍及热带或亚热带深水海域。国内分布于东海、南海。

短肢领航鲸

Globicephala macrorhynchus

哺乳纲 / 鲸目 / 海豚科

形态特征

短肢领航鲸成年个体一般长3.5-6.5米，重达1-4吨，雄性的体型大于雌性。初生的幼崽长1.4-1.9米，重60千克。体背黑色或深灰色，体侧与腹部颜色较浅，身体敦实，前额圆，没有明显的嘴，牙齿的数量也较少，每个颚部只有14-18颗。腹部和喉咙有灰色至白色的斑，眼睛后有灰色或白色的斜斑纹。胸鳍长而尖，鳍肢位于身体的较前位置。背鳍较低似镰刀状，雄鲸和雌鲸的背鳍形状有所不同，而随着年龄增长背鳍的形状亦有所改变。尾鳍较大，尾柄上下方有棱脊。

分布

短肢领航鲸主要分布于各大洋的暖温带和热带。国内分布于东海和南海水域。

国家重点保护
野生动物
二级

IUCN
红色名录
LC

CITES
附录
附录Ⅱ

长江江豚

Neophocaena asiaeorientalis

哺乳纲 / 鲸目 / 鼠海豚科

国家重点保护
野生动物
一级

IUCN
红色名录
EN

CITES
附录
附录 I

形态特征

　　成体长达1.77米。背脊狭窄，宽0.2–0.8厘米，位于体中段偏前位置。背脊高很少超过1.5厘米，有1–5行结节。头部钝圆，额部隆起，吻部短而宽，上下颌等长，全身铅灰色或灰白色。

分布

　　中国特有种。分布于长江水系，可能进入长江口活动。

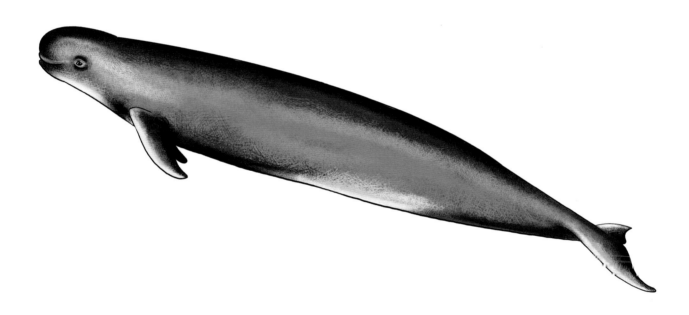

东亚江豚

Neophocaena sunameri

哺乳纲 / 鲸目 / 鼠海豚科

国家重点保护野生动物 二级 　IUCN 红色名录 NE 　CITES 附录 附录Ⅱ

形态特征

　　成年个体体长可达2.27米。体色从浅灰色至奶油色。是体型最大的江豚。背脊窄，宽0.2-1.2厘米，高1.2-5.5厘米，有1-10行结节。

分布

　　国内分布于东海北部、环渤海和黄海。国外分布于朝鲜、韩国和日本水域。

印太江豚

Neophocaena phocaenoid

哺乳纲 / 鲸目 / 鼠海豚科

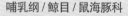

形态特征

　　成体最大体长可达2.27米，但一般很少超过2.0米。雄性比雌性略大。体灰色，喉部和生殖器周围颜色较浅。没有背鳍。头部无喙，前额圆润，从鼻尖陡然隆起。身体柔软。背部有一处由小突起或结节组成的区域，从背部中部向前一直延伸到尾柄。背脊宽0.2-1.2厘米，有1-10行结节。尾缘为凹形，鳍肢大，末端为圆形。

分布

　　印太江豚分布于印度洋西部和东部、太平洋中西部和西北部。国内分布于东海和南海。

国家重点保护野生动物 二级 　IUCN 红色名录 VU 　CITES 附录 附录Ⅰ

抹香鲸

Physeter macrocephalus

哺乳纲 / 鲸目 / 抹香鲸科

形态特征

　　雌雄体型差异较大，雄鲸远大于雌鲸，国际捕鲸统计雄性最大20米，雌性最大17米。体色多呈蓝黑色或黑褐色，上唇和下颌为白色，在腹部牛殖区前和胁部具有不规则的白斑。头部特别巨大，从侧面看如方形，可占体长的1/4-1/3，雄性比雌性所占比例更大。下颌狭窄，最前端圆钝，头顶向前突起的额隆和上颌远超出下颌。眼小，位于口角的后斜上方。外耳孔极小，位于眼和鳍肢基部之间。呼吸孔为单个，位于头部前端并偏向左侧，呈"S"形。鳍肢短宽呈椭圆形，相对较小。背鳍为一侧扁的隆起，低而圆。尾鳍宽大呈三角形，后缘缺刻很深。头部以后的身体有许多皱纹。

分布

　　抹香鲸在世界各大洋都有分布，除了人和虎鲸外，很少有动物能像抹香鲸一样分布如此广泛，它们可以在两个半球的边缘附近被看到，在赤道附近出现也很常见，尤其在太平洋中。国内分布于黄海、东海、南海。

 国家重点保护
野生动物
一级

 IUCN
红色名录
VU

 CITES
附录
附录 I

小抹香鲸

Kogia breviceps

哺乳纲 / 鲸目 / 抹香鲸科

国家重点保护野生动物 二级 | IUCN红色名录 LC | CITES附录 附录II

形态特征

体型似鼠豚类，头和躯干部粗而向尾部骤细，头部近似方形。出生时约为1.2米，成年时会生长到约3.5米，最大体长可达4米。成体体重约400千克。背部呈蓝铁灰色，侧面转为较浅的灰色，腹面暗白色或带一些粉红色，鳍肢上面和尾叶背面也呈铁灰色。头部较短，吻部前突，下颌短而窄，非常小，并且下摆很低。相较于其他齿鲸，呼吸孔在眼的上方，较为靠前，从正面朝上看时，气孔向左稍微移位。眼睛位于口角的后上方。胸鳍末端稍尖，通常在眼后。鳍肢前方的头部每侧有一个新月形的浅色斑。背鳍位于体背的后半部，呈镰刀形，较小；尾鳍宽大，两段较尖，中间的缺刻深。

分布

小抹香鲸分布于太平洋、印度洋、大西洋的热带和温带地区。国内分布于南海和台湾海域的基隆、高雄、宜兰、屏东附近。

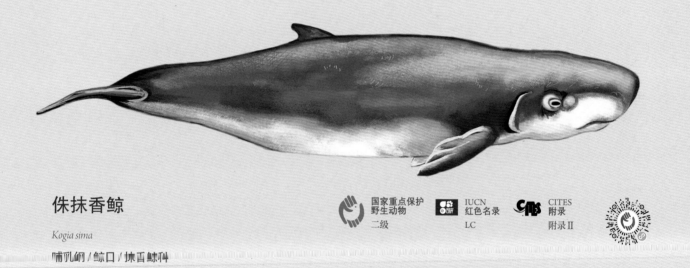

侏抹香鲸

Kogia sima

哺乳纲 / 鲸目 / 抹香鲸科

国家重点保护野生动物 二级 | IUCN红色名录 LC | CITES附录 附录II

形态特征

成体体长可达2.7米，体重可达272千克。整体外观像海豚。雄性比雌性稍大一些。头部轮廓呈三角形或方形。下颌狭窄。头部形状和浅色的"假鳃缝"使这种动物看起来有点像鲨鱼。背鳍后部开始，体型迅速变细。背鳍大，尖端通常在最高点。蹼足小，尖端钝。喷水孔位于鼻尖向后的10%处。喉部有一对与喙鲸相似的短凹槽。体色反向着色，背灰褐色，腹白色。

分布

侏抹香鲸分布于太平洋、印度洋、大西洋、地中海。国内分布于台湾沿海。

鹅喙鲸

Ziphius cavirostris

哺乳纲 / 鲸目 / 喙鲸科

 国家重点保护
野生动物
二级

 IUCN
红色名录
LC

CITES
附录
附录 II

形态特征

　　身体结实，呈雪茄状。可以长到5-7米长，体重2500千克左右。不同性别间大小无显著性差异。体背一般为灰褐色或棕灰色，头部和腹部颜色较淡。头部短粗，喙很短，一对喉咙凹槽，允许在进食猎物时扩大这个区域。眼睛位于口角的后上方。有一个略呈球状的瓜状物，呈白色或乳脂色，一条白色的长条延伸到背鳍的2/3处。背鳍弯曲很小，位于头部后面身体长度的2/3处，鳍肢同样又小又窄，尾鳍后缘微弯曲，缺刻小。身上通常有由鲨鱼造成的白色疤痕和斑块。

分布

　　鹅喙鲸分布于全世界各大洋。国内分布于东海和南海水域。

柏氏中喙鲸

Mesoplodon densirostris

哺乳纲 / 鲸目 / 喙鲸科

 国家重点保护野生动物 二级

 IUCN 红色名录 LC

 CITES 附录 附录II

形态特征

　　体型宽厚而粗壮。出生时体长为2米，体重约60千克。雄性最大体长记录为4.4米，体重达800千克以上；而雌性则可达4.6米，至少1000千克。背部与体侧皆为深蓝灰色，腹部为浅灰色。头部可能呈浅褐色。上唇与下颚边缘为浅灰色，喙长度中等，下颌稍长于上颌，额隆外观上较小而扁平。嘴部曲线特殊，先是水平往后延伸，至中段急剧高起呈一圆弧状。成年雄鲸在下颚隆起处有2颗大型牙齿，末端略微突出，有时前倾越过上颚。牙齿上常附着有成串的鹅颈藤壶。呼吸孔位于头顶上方，眼位于口角后上方。胸鳍较小，末端钝。背鳍小，呈三角形或镰刀形，大约位于身长2/3处。尾鳍宽大，中央无明显缺刻。

分布

　　柏氏中喙鲸出现在所有海洋的温带和热带水域。国内分布于东海水域。

银杏齿中喙鲸

Mesoplodon ginkgodens

哺乳纲 / 鲸目 / 喙鲸科

形态特征

体呈纺锤形。最大体长5.3米。头部小。背鳍小，位于身体大约2/3处。尾鳍锥形，没有中间缺口。有一对浅喉槽，气孔新月形，两端指向前方。前额有一个浅浅的隆起。成年雄性深灰色的，喙前部白色。尾柄背部和腹面有七鳃鳗或鲨鱼造成的浅圆形或椭圆形白色疤痕。雄性个体的獠牙扁平，达10厘米宽，从牙尖向卜倾斜，位于卜颌中间梢后的小拱上。獠牙的高度与宽度相当或更宽，它们几乎不会破坏牙龈线，而且大部分獠牙都埋在牙龈组织中，不从牙龈长出来。幼体的牙齿看起来像银杏树的叶子。

分布

银杏齿中喙鲸分布于印度洋与太平洋的热带、暖温带海域。国内分布于黄海、东海、南海。

小中喙鲸

Mesoplodon peruvianus

哺乳纲 / 鲸目 / 喙鲸科

 国家重点保护
野生动物
二级

 IUCN
红色名录
LC

CITES
附录
附录 II

形态特征

体呈纺锤形。头部狭窄，喙短，尖端黑色。气孔处有一个凹痕。下颚上有2颗小牙齿。背部深灰色，腹面浅灰色，后肚脐深灰色。体色均匀过渡。背鳍小，呈三角形，基部宽，位于身体中心后面很远。尾鳍没有凹槽，尖端略尖。性二型显著，雄性比雌性大。

分布

分布于世界各大洋。国内分布于黄海、东海、南海。

贝氏喙鲸

Berardius bairdii

哺乳纲 / 鲸目 / 喙鲸科

形态特征

　　雄性平均体长10.3米，雌性11.2米。身体长圆筒形，喙较短，形状特殊。下颚长度超过上颚尖端约10厘米，咬合线呈曲线。吹气孔又低又宽。牙齿2对，雌性的牙齿比雄性的略小。体色石板灰色，通常带有棕色。腹部颜色较浅，雌性体色往往比雄性浅。在喉咙、鳍足之间、肚脐和肛门附近有3处白色斑点。这些斑点大小不一。在下颚下方有2个凹槽，呈叉骨状。而雄性的喙上经常有齿痕。身体后部有大约30厘米高的三角形鳍。

分布

　　贝氏喙鲸分布于北太平洋温带及相邻的日本海、鄂霍次克海和白令海。国内为其漫游地，主要分布于东海。

朗氏喙鲸

Indopacetus pacificus

哺乳纲 / 鲸目 / 喙鲸科

国家重点保护
野生动物
二级

IUCN
红色名录
LC

CITES
附录
附录II

形态特征

雌性体长69米左右，雄性体长79米左右。雌性个体头部棕色，身体通常灰色。成年雌鲸的喙长，慢慢地倾斜到一个几乎不引人注意的瓜器官。成年背鳍大且呈三角形。成年雄性黑色从背部延伸到眼睛，到鳍状肢。喙部有黑斑纹。有一个球状的"瓜"，两颗牙齿位于喙前部，身体通常有鲨鱼留下的伤疤。

分布

朗氏喙鲸分布于印度洋与太平洋热带海域。国内在南海可能有分布。

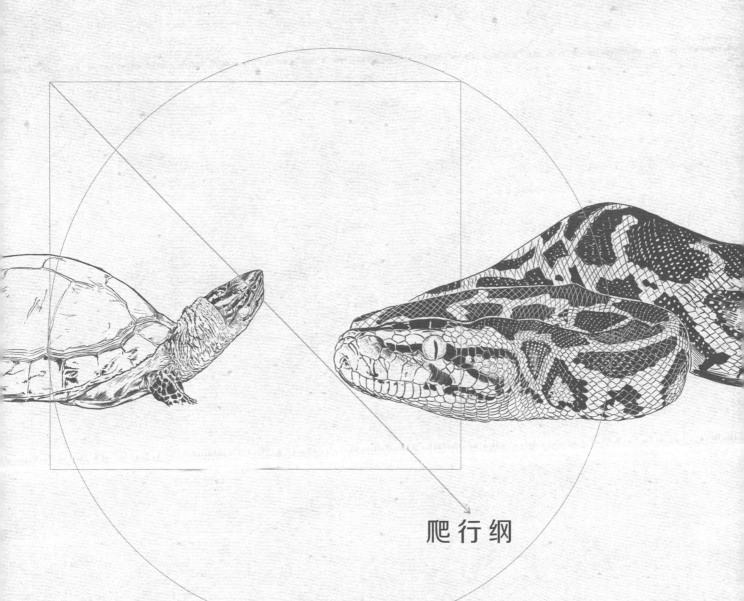

爬行纲

平胸龟

Platysternon megacephalum

爬行纲 / 龟鳖目 / 平胸龟科

形态特征

上喙呈鹰嘴状，头大，呈三角形，不能缩入壳内。背甲略呈长方形，扁平，前缘凹，后缘不呈锯齿状，背面无纵向脊状隆起。通体棕褐色、棕黑色或深棕色，散布黑色细小不规则斑点。幼体体色明亮，随年龄增大逐渐加深。

分布

平胸龟指名亚种*P. m. megacephalum*国内广泛分布于安徽、福建、广东、广西、海南、贵州、香港、湖南、江苏、浙江、云南、江西、重庆，国外分布于越南。平胸龟越南亚种*P. m. shiui*国内分布于云南，国外分布于柬埔寨、越南、老挝。

 国家重点保护
野生动物
二级

 IUCN
红色名录
EN

 CITES
附录
附录 I

《国家重点保护野生动物名录》备注：仅限野外种群

缅甸陆龟

Indotestudo elongata

爬行纲 / 龟鳖目 / 陆龟科

形态特征

头部具鳞片，上喙略钩。背甲长椭圆形，高拱，中央略平坦。颈盾窄长。臀盾单枚。头部黄色，趋于淡黄色。背甲和腹甲黄色，每枚盾片上具不规则黑色斑纹。四肢和尾淡黄色，无黑色斑纹。尾短，末端角质化。

分布

国内分布于云南、广西。国外分布于巴基斯坦、柬埔寨、印度、老挝、马来西亚、尼泊尔、泰国、越南、缅甸。

 国家重点保护
野生动物
一级

 IUCN
红色名录
CR

 CITES
附录
附录 II

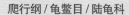
凹甲陆龟

Manouria impressa

爬行纲 / 龟鳖目 / 陆龟科

形态特征

　　头部具鳞片，上喙略钩，下缘无细锯齿。背甲前后缘呈锯齿状（幼龟更明显），并向上翻卷。头部黄色，趋于淡黄色，具黑色杂斑纹。背甲和腹甲黄色，散布黑色不规则斑块。四肢褐色，鳞片黑色。尾黑色。

分布

　　国内分布于云南。国外分布于柬埔寨、马来西亚、缅甸、泰国、越南、老挝。

 国家重点保护
野生动物
一级

 IUCN
红色名录
VU

 CITES
附录
附录 II

四爪陆龟

Testudo horsfieldii

爬行纲 / 龟鳖目 / 陆龟科

形态特征

　　头部较小，上喙略钩。背甲长和宽几乎相等，呈圆形。腹甲宽短，前缘平切而厚，后缘缺刻深。尾短，尾末端具角质状尾爪。头和四肢黄色，趋于黄褐色，具不规则杂斑纹。背甲和腹甲黄色，每枚盾片具黑色斑块，腹甲的黑色斑块较大。

分布

　　国内分布于新疆。国外分布于阿富汗、伊朗、哈萨克斯坦、蒙古、吉尔吉斯斯坦、巴基斯坦、塔吉克斯坦、土库曼斯坦和乌兹别克斯坦。

国家重点保护 野生动物 一级	IUCN 红色名录 VU	CITES 附录 附录Ⅱ

欧氏摄龟

Cyclemys oldhamii

爬行纲 / 龟鳖目 / 地龟科

形态特征

　　背甲呈矩形。背甲颜色深，无显著花纹。腹甲黑色，无花纹。头部几无杂色。

分布

　　国内分布于云南。国外见于缅甸、泰国、老挝、柬埔寨、越南、印度尼西亚（苏门答腊岛）。

国家重点保护 野生动物 二级	IUCN 红色名录 EN	CITES 附录 附录Ⅱ

黑颈乌龟

Mauremys nigricans

爬行纲 / 龟鳖目 / 地龟科

形态特征

　　头部宽大。背甲椭圆形，中央具脊棱，无侧棱，前后缘不呈锯齿状。腹甲前缘平直，后缘缺刻深。四肢扁平，尾细短。头顶部黑色，头侧具黄绿色蠕虫状纹和纵条纹，纵条纹延伸至颈部，咽部淡黄色，具灰黑色杂斑纹。背甲黑色，趋于棕黑色或黑褐色。腹甲黄色，趋于棕黄色，具黑色斑块，年老个体黑斑面积增大。

分布

　　国内分布于广东、广西、海南。国外分布于越南。

国家重点保护　　IUCN　　CITES
野生动物　　　　红色名录　　附录
二级　　　　　　EN　　　　附录Ⅱ

《国家重点保护野生动物名录》备注：仅限野外种群

乌龟

Mauremys reevesii

爬行纲 / 龟鳖目 / 地龟科

形态特征

　　头背部平滑无鳞。吻短，吻端向下斜切，上喙不呈钩状，鼓膜明显。背甲椭圆形，接近卵圆形，扁平，中央隆起，具3条脊棱。腹甲前缘平，后缘缺刻深。四肢扁平，具鳞，指、趾间具蹼具爪。尾细短。雌性头部青橄榄色，趋于青褐色，头侧具黄绿色蠕虫状纹和纵条纹，颈侧具黄绿色纵条纹。

分布

　　国内分布于广东、广西、贵州、云南、陕西、甘肃、四川、福建、湖南、湖北、江西、浙江、江苏、安徽、河南、河北、山东、香港、台湾。国外分布于日本、朝鲜、韩国。

 国家重点保护
野生动物
二级
 IUCN
红色名录
EN
 CITES
附录
附录III

《国家重点保护野生动物名录》备注：仅限野外种群

花龟

Mauremys sinensis

爬行纲 / 龟鳖目 / 地龟科

形态特征

头较小，头背部光滑无鳞。背甲椭圆形，具3条脊棱（幼体明显），后缘不呈锯齿状。腹甲前缘平，后缘缺刻。四肢扁平，尾短，末端尖细。头、颈、四肢、尾的背部和背甲呈栗黑色或黑褐色；头顶具2-3条黄绿色镶嵌细纹，延伸至枕部，头侧和颈部具4条以上黄绿色镶嵌的纵纹。腹甲棕黄色或淡黄色，每块盾片上具大块黑斑块。四肢和尾具黄绿色镶嵌的数条纵纹。

分布

国内分布于广东、广西、云南、海南、江西、台湾。国外分布于老挝、越南。

 国家重点保护
野生动物
二级

 IUCN
红色名录
EN

 CITES
附录
附录Ⅲ

《国家重点保护野生动物名录》备注：仅限野外种群

黄喉拟水龟

Mauremys mutica

爬行纲 / 龟鳖目 / 地龟科

形态特征

头较小，头顶部平滑，无鳞。背甲扁平，中央棱明显，两侧侧棱弱，后部边缘略呈锯齿状。腹甲前缘上翘，后缘缺刻深。四肢扁平，尾细短。头顶部青橄榄色或灰橄榄色，白眼眶后发出1条淡黄色纵条纹，镶嵌黑色条纹，沿鼓膜上缘延伸至颈部。背甲棕黄色，中央棱黑色或黑褐色。腹甲淡黄色，每块盾片上具黑色斑块。

分布

国内分布于海南、广东、广西、云南、福建、湖南、湖北、江苏、安徽、浙江、台湾。国外分布于越南。

 国家重点保护
野生动物
二级

 IUCN
红色名录
EN

 CITES
附录
附录 II

《国家重点保护野生动物名录》备注：仅限野外种群

闭壳龟属所有种

Cuora spp.

爬行纲 / 龟鳖目 / 地龟科

形态特征

　　闭壳龟背甲隆起较高。腹甲的胸、腹盾间就有一条清晰的韧带形成可动的"铰链"。背腹甲之间也有韧带相连，因此腹甲的前后两叶能向上完全关闭甲壳，头、四肢和尾均可缩入壳中。

分布

　　国内分布于安徽、浙江、江苏、湖北、湖南、重庆、河南、福建、江西、台湾、广西、广东、海南、陕西、四川、香港、云南。国外分布于缅甸、泰国、越南、柬埔寨、新加坡、日本、马来西亚、印度尼西亚、菲律宾等地。

 国家重点保护野生动物 二级　　 **IUCN 红色名录 NE/CR/EN**　　 **CITES 附录 附录Ⅱ**

《国家重点保护野生动物名录》备注：仅限野外种群

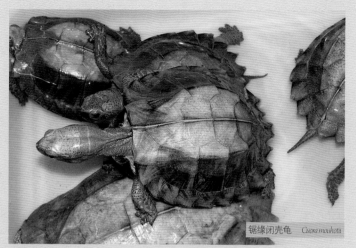

锯缘闭壳龟　*Cuora mouhotii*

黄缘闭壳龟　*Cuora flavomarginata*

黄缘闭壳龟　*Cuora flavomarginata*

黄额闭壳龟　*Cuora galbinifrons*

三线闭壳龟　*Cuora trifasciata*

三线闭壳龟　*Cuora trifasciata*

三线闭壳龟　*Cuora trifasciata*

三线闭壳龟　*Cuora trifasciata*

三线闭壳龟　*Cuora trifasciata*

越南三线闭壳龟　*Cuora cyclornata*

安布闭壳龟　*Cuora amboinensis*

安布闭壳龟　*Cuora amboinensis*

百色闭壳龟　*Cuora mccordi*

百色闭壳龟　*Cuora mccordi*

金头闭壳龟　*Coura aurocapitata*

云南闭壳龟　*Coura yunnanensis*

潘氏闭壳龟　*Coura pani*

潘氏闭壳龟　*Coura pani*

周氏闭壳龟　*Coura zhoui*

地龟

Geoemyda spengleri

爬行纲 / 龟鳖目 / 地龟科

形态特征

头短小，头顶部平滑无鳞。背甲呈枫叶状，微隆起，具3条棱，前后缘均呈锯齿状，后缘锯齿强烈。腹甲前缘凹，后缘缺刻，部分四肢略扁，具鳞。头部浅棕色，头侧具淡黄色条纹，并延伸至颈部。背甲橘黄色（有些个体橘红色），趋于黄褐色。腹甲黄色，中央具棕黑色斑纹。头、颈、四肢、尾接近浅棕色，趋于褐色，散布橘红色条纹或黑色小斑纹。

分布

国内分布于广东、广西、云南、海南、湖南。国外分布于越南、老挝。

 国家重点保护
野生动物
二级

IUCN
红色名录
EN

CITES
附录
附录 II

眼斑水龟

Sacalia bealei

爬行纲 / 龟鳖目 / 地龟科

形态特征

头顶部平滑，头部较尖。背甲扁平，卵圆形，中央脊棱明显，前后缘不呈锯齿状。腹甲平坦，前缘平，后缘缺刻。四肢扁平，具鳞。尾细短。头顶部棕褐色，布满黑色虫纹状小点，头顶后侧具1-2对马蹄状眼斑，颈部具数条黄色纵条纹。背甲棕红色或棕色，密布黑色细小斑点或斑纹。腹甲淡黄色，散布黑色斑点或斑纹。

分布

中国特有种。分布于广东、广西、福建、海南、安徽、贵州、江西、香港。

国家重点保护
野生动物
二级

IUCN
红色名录
EN

CITES
附录
附录 II

《国家重点保护野生动物名录》备注：仅限野外种群

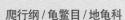

四眼斑水龟

Sacalia quadriocellata

爬行纲 / 龟鳖目 / 地龟科

形态特征

头顶具1对明显的马蹄状眼斑，每个眼斑中央具1个小黑点，头背部无不规则黑色虫纹，颈部具3条纵条纹。背甲较扁平，卵圆形，中央棱明显，前缘平切，后缘缺刻。腹甲前缘平切，后缘略凹。四肢扁平。尾细短。

分布

国内分布于广东、广西、海南。国外分布于老挝、越南。

 国家重点保护 野生动物 二级　　 IUCN 红色名录 CR　　 CITES 附录 附录II

《国家重点保护野生动物名录》备注：仅限野外种群

红海龟

Caretta caretta

爬行纲 / 龟鳖目 / 海龟科

形态特征

头部宽大，上颌短宽。背甲呈长椭圆形，头背部、背甲和四肢背部接近棕色和棕红色。头侧淡棕红色。下颌、腹甲、四肢、腹部为淡黄色。

分布

全球分布于北纬62°至南纬45°的海域。国内分布于南海、东海和黄海。

 国家重点保护 野生动物 一级　　 IUCN 红色名录 VU　　 CITES 附录 附录I

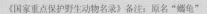

《国家重点保护野生动物名录》备注：原名"蠵龟"

绿海龟

Chelonia mydas

爬行纲 / 龟鳖目 / 海龟科

形态特征

头部大小适中。吻短圆。上颌不呈钩形。背甲卵圆形，盾片镶嵌，不互相覆盖。头颈部、背甲、四肢深棕红色，趋于棕褐色；盾片上散布黄白色放射状斑纹。幼体颜色更鲜艳。腹部淡黄色，幼龟乳白色。

分布

全球分布于北纬55°至南纬46°的海域。国内分布于北起山东、南至北部湾的海域。

国家重点保护
野生动物
一级

IUCN
红色名录
EN

CITES
附录
附录 I

玳瑁

Eretmochelys imbricata

爬行纲 / 龟鳖目 / 海龟科

形态特征

头部窄小。背甲呈心形。腹部中央有一纵沟。通体棕色，趋于深棕色或棕褐色。幼体颜色较成体鲜艳。背甲盾片散布浅黄色或白色放射状（有的呈云状）斑纹。腹部黄色。

分布

全球分布于北纬45°至南纬38°的海域。国内分布于北起山东、南至北部湾及南海诸岛的海域。

 国家重点保护
野生动物
一级

 IUCN
红色名录
CR

 CITES
附录
附录 I

太平洋丽龟

Lepidochelys olivacea

爬行纲 / 龟鳖目 / 海龟科

国家重点保护 野生动物 一级　IUCN 红色名录 VU　CITES 附录 附录 I

形态特征

头背部有对称大鳞片，背甲呈心形，背甲后缘呈锯齿状。头背部、头侧部、背甲、四肢背部为橄榄色，头部下颌、腹甲和四肢腹部淡黄色，趋于乳白色。

分布

全球分布于北纬35°至南纬30°的海域。国内分布于东海和南海区域。

棱皮龟

Dermochelys coriacea

爬行纲 / 龟鳖目 / 棱皮龟科

形态特征

头大颈短，头部无大鳞。上颌中央有巨大锯齿。背部无坚硬角质盾片，仅覆盖柔软革质皮肤，具5-7条纵棱，至背甲后部集中形成心形，棱与棱间微凹如沟。腹部具柔软革质皮肤，无盾片覆盖。四肢呈足状，无爪。头、颈、背部和四肢暗褐色或灰黑色，有暗黄色或白色斑点。腹部色浅。

分布

全球分布于赤道至南北纬65°的海域。国内分布于辽宁、河北、山东、江苏、浙江、福建、台湾、香港、广东和广西沿海海域。

国家重点保护 野生动物 一级　IUCN 红色名录 VU　CITES 附录 附录 I

鼋

Pelochelys cantorii

爬行纲 / 龟鳖目 / 鳖科

形态特征

头部大小适中，皮肤光滑。吻短。背甲呈圆形，背甲表面布虫样凹纹，裙边极短。腹甲体不超过5块。四肢扁圆。尾短。背甲灰黄色，略带橄榄绿色有褐色斑纹。腹甲黄白色，接近白色。四肢灰绿色。

分布

国内分布于江苏、浙江、福建、安徽、广东、海南、广西、云南、江西、浙江。国外分布于孟加拉国、柬埔寨、印度、印度尼西亚、老挝、马来西亚、缅甸、新加坡、菲律宾、泰国、越南。

 国家重点保护
野生动物
一级

 IUCN
红色名录
EN

 CITES
附录
附录 II

山瑞鳖

Palea steindachneri

爬行纲 / 龟鳖目 / 鳖科

形态特征

头较大，呈三角形，头背部皮肤光滑。吻端突出，形成吻突。颈部较长，颈基部两侧具大团且密集的粒。背甲呈椭圆形，背甲顶部扁平，前缘有1排明显的粗大粒，具裙边。腹甲有4-6个胼胝体。前后肢均具3个爪。背甲橄榄绿色或灰绿色，有黑色杂斑或无。腹甲白色，布黑色云斑。

分布

国内分布于广西、广东、云南、贵州、台湾、海南。国外分布于老挝、越南、缅甸。

 国家重点保护
野生动物
二级

IUCN
红色名录
CR

CITES
附录
附录 II

斑鳖

Rafetus swinhoei

爬行纲 / 龟鳖目 / 鳖科

形态特征

头部较大，鼻部有明显短而宽阔的肉质，吻突短而厚。背甲长椭圆形，背面平滑，躯体扁平，仅略隆起。头、颈部有明显而不规则的大小黄色斑。

分布

国内分布于江苏、上海、浙江、云南。国外分布于越南。

国家重点保护
野生动物
一级

IUCN
红色名录
CR

CITES
附录
附录Ⅱ

大壁虎

Gekko gecko

爬行纲 / 有鳞目 / 壁虎科

形态特征

体扁圆形。尾较长，头顶被粒鳞。吻端圆形，鼻孔位于吻端两侧；吻鳞不接鼻孔。体背被多角形小鳞片，其间被较大的纵行疣鳞，排列较规则。通体背面和四肢背面为灰黑色或青灰色。头体和四肢背面具有显目的红色大疣粒。体背疣粒的颜色可组成横向的链状斑纹。

分布

国内分布于云南、广西。国外分布于印度东北部、孟加拉国、缅甸、泰国、老挝、越南、柬埔寨、马来西亚、印度尼西亚、菲律宾等地。

 国家重点保护
野生动物
二级

 IUCN
红色名录
LC

 CITES
附录
附录 II

黑疣大壁虎

Gekko reevesii

爬行纲 / 有鳞目 / 壁虎科

形态特征

体长圆形。头部较大，呈扁平三角形。吻钝圆。皮肤粗糙，有颗粒状细鳞，喉区粒鳞较小，鼻间鳞较大。腹部鳞片呈瓦片状，尾背鳞片平滑且具环纹。

分布

国内分布于广西、云南、广东、香港、海南。国外分布于越南。

 国家重点保护
野生动物
二级

 IUCN
红色名录
NE

 CITES
附录
未列入

伊犁沙虎

Teratoscincus scincus

爬行纲 / 有鳞目 / 球趾虎科

形态特征

头大，眶间鳞30-50列。体背的覆瓦状大鳞前达枕部。指、趾不扩展，两侧具栉缘。

分布

国内分布于甘肃、新疆。国外分布于哈萨克斯坦、阿富汗。

 国家重点保护野生动物 二级　 IUCN 红色名录 NE　 CITES 附录 未列入

吐鲁番沙虎

 国家重点保护野生动物 二级　 IUCN 红色名录 LC　 CITES 附录 未列入

Teratoscincus roborowskii

爬行纲 / 有鳞目 / 球趾虎科

形态特征

在四肢、躯体和尾部等位置均覆有大型鳞片。尾背上另有一列更大型的盘状鳞片。体色以淡褐色为主，并杂有黑色直纹或断续带状斑纹。

分布

中国特有种。仅分布于新疆。

英德睑虎

Goniurosaurus yingdeensis

爬行纲 / 有鳞目 / 睑虎科

形态特征

成体头体长几乎与尾长相等。虹膜近瞳孔区域为橘红色，有复杂清晰的线纹，瞳孔呈直立状。雄性英德睑虎躯体有艳丽的条纹，而雌性则灰暗些。

分布

中国特有种。仅发现于广东英德。

 国家重点保护
野生动物
二级

 IUCN
红色名录
CR

 CITES
附录
附录 II

越南睑虎

Goniurosaurus araneus

爬行纲 / 有鳞目 / 睑虎科

形态特征

体多为棕色、黄色，无杂斑。个体从脖子到尾根总共5条横纹，并且模糊。尾巴花纹则有5-6条。

分布

国内仅分布于广西。国外仅分布于越南。

 国家重点保护
野生动物
二级

 IUCN
红色名录
NE

 CITES
附录
附录 II

霸王岭睑虎

Goniurosaurus bawanglingensis

爬行纲 / 有鳞目 / 睑虎科

形态特征

　　尾长稍短于头体长。头背棕褐色，躯干和尾背暗紫褐色，均染以少数较大黑褐斑。有若干前后镶黑边的白色横纹，1条在枕部，略呈弧形，其两侧沿头侧前伸达眼；躯干部有3条，1条在腋后，1条在体中部，1条在胯前；尾部有4-5条，如尾断后再生部分则无斑纹。

分布

　　中国特有种。仅发现于海南。

 国家重点保护
野生动物
二级

 IUCN
红色名录
EN

 CITES
附录
附录 II

海南睑虎

Goniurosaurus hainanensis

 国家重点保护
野生动物
二级

 IUCN
红色名录
NE

 CITES
附录
附录II

爬行纲 / 有鳞目 / 睑虎科

形态特征

　　头长，呈三角形。颈部明显。躯干相对较短。四肢细长。尾较短。上、下眼睑均发达，可活动。头部背面被粒鳞，顶部粒鳞间有小疣鳞，自眼后经耳孔至枕部散布大疣鳞。在颈背和躯干背面的粒鳞之间，均匀散布圆形或锥形的大疣鳞。

分布

　　中国特有种。仅发现于海南。

嘉道理睑虎

Goniurosaurus kadoorieorum

爬行纲 / 有鳞目 / 睑虎科

形态特征

虹膜具独特的橄榄绿色。3条宽的白色横纹在前后肢之间插入，前面和后面以宽的深色带为界。成体的底色斑驳，侧腹部有深褐色斑点，带有暗斑的鳞片，存在增大的眶上结节。

分布

中国特有种。仅发现于广西。

国家重点保护 野生动物 二级	IUCN 红色名录 NE	CITES 附录 附录II

广西睑虎

Goniurosaurus kwangsiensis

爬行纲 / 有鳞目 / 睑虎科

形态特征

眼球为橙黄色。四肢不具攀瓣。尾部具有白色环纹，略肥大，受到威胁时可自断，再生尾没有原本尾巴的白环纹，而是不规则白网。

分布

中国特有种。仅发现于广西。

国家重点保护 野生动物 二级	IUCN 红色名录 NE	CITES 附录 附录II

荔波睑虎

Goniurosaurus liboensis

爬行纲 / 有鳞目 / 睑虎科

形态特征

虹膜灰色，瞳孔附近变成橙色。下颌、喉咙、胸部、躯干、四肢腹侧表面白色，无瑕疵。前后肢之间的躯干背部具有3个薄的无瑕疵的背侧体带，没有暗点，前面和后面与暗带接壤。

分布

中国特有种。仅发现于广西。

 国家重点保护
野生动物
二级

 IUCN
红色名录
EN

 CITES
附录
附录Ⅱ

凭祥睑虎

Goniurosaurus luii

爬行纲 / 有鳞目 / 睑虎科

形态特征

头长，呈三角形。上下眼睑发达并可活动。体多偏紫黑色，有大理石碎斑。体背有5条清晰的黄色或橘黄色横间纹。眼睛橘红色。

分布

国内分布于广西。国外分布于越南。

 国家重点保护
野生动物
二级

 IUCN
红色名录
NE

 CITES
附录
附录Ⅱ

蒲氏睑虎

Goniurosaurus zhelongi

爬行纲 / 有鳞目 / 睑虎科

形态特征

下颌、喉咙、胸部和腹部为白色，略带褐色，有暗褐色的侧斑。虹膜灰白色，略带橙色。体表有4条身体带，前后边缘为黑色。

分布

中国特有种。仅发现于广东。

国家重点保护
野生动物
二级

IUCN
红色名录
EN

CITES
附录
附录 II

周氏睑虎

Goniurosaurus zhoui

爬行纲 / 有鳞目 / 睑虎科

形态特征

　　成体头部、躯体和四肢的背部底色为浅紫棕色，布不规则形状的深棕色斑点。颈背上有向后延伸的颈环，以及4条暗紫灰色的背侧体带，在颈环和尾侧收缩部之间有黑斑，这些体带和黑斑的边缘模糊。

分布

　　中国特有种。仅发现于海南。

巴塘龙蜥

Diploderma batangense

爬行纲 / 有鳞目 / 鬣蜥科

形态特征

　　吻端较尖，额部微凹。鼻鳞大，呈卵圆形。躯干背面覆鳞片，呈覆瓦状排列。腹面鳞片大小近似，均起棱。四肢覆有棱鳞，大小不等，指、趾末端具爪。尾呈圆柱形，渐细，被鳞片，均起棱。

分布

　　中国特有种。仅分布于四川。

短尾龙蜥

Diploderma brevicaudum

爬行纲 / 有鳞目 / 鬣蜥科

形态特征

体略侧扁，头背侧被不规则的鳞片，吻鳞呈矩形，眼眶与上唇间有4行鳞片，两眼间有黄褐色条带。鼓膜被细小的鳞片。咽喉部有浅纹，鳞片规则，较体腹侧鳞片小。背部浅褐色，四肢被鳞，上部鳞片不规则，下部鳞片均匀排列。枕骨至尾基部有类似"之"形的斑纹。

分布

中国特有种。仅分布于云南。

 国家重点保护
野生动物
二级

 IUCN
红色名录
NE

 CITES
附录
未列入

侏龙蜥

Diploderma drukdaypo

爬行纲 / 有鳞目 / 鬣蜥科

形态特征

　　头部中等，尾部相对较短，鼓室隐蔽。背脊鳞片发育较弱，皮肤褶皱上突起不明显。雄雌均无规则斑点。背外侧条纹存在于雄性、雌性中，呈锯齿状，雄性亮硫黄色，雌性铬橙色。

分布

　　中国特有种。仅分布于西藏。

 国家重点保护
野生动物
二级

 IUCN
红色名录
NE

 CITES
附录
未列入

滑腹龙蜥

Diploderma laeviventre

爬行纲 / 有鳞目 / 鬣蜥科

形态特征

　　头较长而扁平，眼周有辐射状条纹，鼓膜隐蔽。喉部有横向喉褶，喉囊显著。颈部正中略隆起成较浅的皮肤褶，雄性背脊隆起，不形成明显的皮肤褶。后肢适中。尾长中等，有肛前窝和股窝。头背面、侧面和腹面，以及前肢背面和躯干侧面有黑色斑点。喉部有小三角形的橘黄色斑。雄性背脊正中线具有深棕色的"M"字形斑纹，背侧白色并有边缘齐整的浅黄色纹；雌性体背侧棕灰色；雄性尾黄绿色，雌性尾棕色。

分布

　　中国特有种。分布于西藏和云南交界地带，怒江河谷。

 国家重点保护
野生动物
二级

 IUCN
红色名录
LC

 CITES
附录
未列入

宜兰龙蜥

Diploderma luei

爬行纲 / 有鳞目 / 鬣蜥科

形态特征

体带有绿色、黑色、黄色和浅蓝色，尾巴还偶尔带有红棕色，雌雄体色具明显的性二型，体背部底色以绿色为主，口腔外缘微黄色。体腹面和下颌为均一的绿色，且不具任何杂斑，尾巴中后段常为红褐色。成体头部有明显过眼黑带，雄性有较明显的鬣鳞和喉垂，下唇和喉部常带有浅蓝色；雌性体色不明显。

分布

中国特有种。仅分布于台湾。

 国家重点保护
野生动物
二级

 IUCN
红色名录
EN

 CITES
附录
未列入

溪头龙蜥

Diploderma makii

爬行纲 / 有鳞目 / 鬣蜥科

形态特征

鼓膜被鳞。尾长超过头体长的3倍。后肢贴体前伸第四趾端到达耳眼之间。体背面绿色，有4条深色横斑，眼上方有1条深色纵纹，上唇黑色，颌下和咽喉淡黄绿色。

分布

中国特有种。仅分布于台湾。

 国家重点保护
野生动物
二级

 IUCN
红色名录
VU

CITES
附录
未列入

帆背龙蜥

Diploderma vela

爬行纲 / 有鳞目 / 鬣蜥科

形态特征

　　头背侧面黑色，杂有3条狭窄清晰的淡灰色横纹，1条似"M"形位于鼻孔间，另2条位于两眼间，近似"X"形。下唇鳞与上唇鳞以短的黑色条带对齐，下颌、喉咙白色，其间杂有略与体中线呈一定角度的黑色迂回状条带。

分布

　　中国特有种。分布于西藏、云南。

 国家重点保护
野生动物
二级

 IUCN
红色名录
LC

 CITES
附录
未列入

蜡皮蜥

Leiolepis reevesii

爬行纲 / 有鳞目 / 鬣蜥科

形态特征

　　体尾、背腹扁平，覆以大小一致的粒鳞，无鬣鳞。鼓膜深陷。雌雄均具有股孔。

分布

　　国内分布于广东、澳门、海南、广西。国外分布于越南。

 国家重点保护
野生动物
二级　　 IUCN
红色名录
NE　　 CITES
附录
未列入

贵南沙蜥

Phrynocephalus guinanensis

爬行纲 / 有鳞目 / 鬣蜥科

形态特征

　　头体扁平，头长略大于头宽。体棕黄色或橘黄色或棕色。头背面的眼上面常显现2条深色横纹，在眶间联合或断开。背中线被绿黄色或红棕色小点分隔，而这些斑中央色较边缘浅；整个背面散布浅色小圆点。

分布

　　中国特有种。分布于西北高原。

 国家重点保护
野生动物
二级　　 IUCN
红色名录
LC　　 CITES
附录
未列入

大耳沙蜥

Phrynocephalus mystaceus

爬行纲 / 有鳞目 / 鬣蜥科

形态特征

体大，全长150毫米左右。嘴角有耳状皮褶。背面被大小一致的强棱鳞。尾的腹面基白端黑。

分布

国内仅分布于新疆。国外分布于阿富汗、伊朗、哈萨克斯坦、吉尔吉斯斯坦、土库曼斯坦、乌克兰、白俄罗斯和土耳其。

 国家重点保护
野生动物
一级

 IUCN
红色名录
LC

 CITES
附录
未列入

长鬣蜥

Physignathus cocincinus

爬行纲 / 有鳞目 / 鬣蜥科

形态特征

体较大而略侧扁；颈背和尾背鬣鳞发达。鼓膜显著而不下陷。雄雌均有股孔。

分布

国内分布于云南、广东、广西。国外分布于缅甸、泰国、越南、老挝、柬埔寨等东南亚各国。

 国家重点保护
野生动物
二级

 IUCN
红色名录
VU

 CITES
附录
未列入

细脆蛇蜥

Ophisaurus gracilis

爬行纲 / 有鳞目 / 蛇蜥科

形态特征

体细长，尾长为头体长的1.5-2倍。鼻鳞与前额鳞间杂以3枚小鳞；体侧纵沟间背鳞10-16行。

分布

国内分布于云南、西藏。国外分布于印度、缅甸、泰国、越南。

 国家重点保护野生动物 二级　　 IUCN 红色名录 NE　　 CITES 附录 未列入

海南脆蛇蜥

Ophisaurus hainanensis

爬行纲 / 有鳞目 / 蛇蜥科

形态特征

体圆柱形，耳孔极小，为针尖状，背鳞20行，背鳞与尾下鳞光滑，体背无深色横斑。通身粉红色，头体背正中8行鳞片具深褐色细点斑，并延伸至尾端，尾的两侧各具1条深色细线纹。

分布

中国特有种。仅分布于海南。

国家重点保护
野生动物
二级

IUCN
红色名录
NE

CITES
附录
未列入

脆蛇蜥

Ophisaurus harti

爬行纲 / 有鳞目 / 蛇蜥科

形态特征

鼻鳞与前额鳞间有2枚大鳞片；前额鳞1对，有时互相分离。耳孔小，且小于鼻孔。背鳞16-18(19)纵行。

分布

国内分布于云南、贵州、四川、湖南、福建、江苏、浙江。国外分布于越南。

国家重点保护
野生动物
二级

IUCN
红色名录
NE

CITES
附录
未列入

鳄蜥

Shinisaurus crocodilurus

爬行纲 / 有鳞目 / 鳄蜥科

形态特征

雌性体长22-40厘米，雄性体长15-36厘米。体呈圆柱形，尾侧扁似鳄鱼，尾背面有由大鳞形成2行明显的纵脊。

分布

国内分布于广西、广东。国外分布于越南。

 国家重点保护
野生动物
一级

 IUCN
红色名录
EN

 CITES
附录
附录 I

孟加拉巨蜥

Varanus bengalensis

爬行纲 / 有鳞目 / 巨蜥科

形态特征

　　眼后颞部有1条黑色眉纹，经鼓膜上方延续至颈侧。下颌和咽喉为大理石般花斑。通身背面、背侧、尾侧、喉部、胸部均具有1-3枚鳞片组成的黑色或蓝灰色或白色或浅黄色相间的略呈大理石般不规则的细斑纹。

分 布

　　国内仅分布于云南西南边缘地区，如瑞丽、盈江。国外分布于缅甸北部中缅边界附近。

 国家重点保护
野生动物
一级

 IUCN
红色名录
LC

 CITES
附录
附录 I

孟加拉巨蜥

圆鼻巨蜥

Varanus salvator

爬行纲 / 有鳞目 / 巨蜥科

 国家重点保护野生动物 一级　 IUCN 红色名录 LC　 CITES 附录 附录II

形态特征

一种大型蜥蜴，体长可达2米。吻端尖圆；鼻孔椭圆形，距吻端甚近，该处向上隆起，致使中央部位有1条纵向沟槽；尾部呈乳黄色环行花斑与乌黑色环行斑交错的色型。腹面和尾腹面为乳黄色。

分布

国内分布于云南、广东、广西、香港、海南。国外分布于澳大利亚北部沿海、印度、印度尼西亚、老挝、缅甸、泰国、斯里兰卡、越南。共有6个亚种，我国分布的为巨斑亚种*V. s. macromaculatus*。

《国家重点保护野生动物名录》备注：原名"巨蜥"

桓仁滑蜥

Scincella huanrenensis

爬行纲 / 有鳞目 / 石龙子科

形态特征

体侧纵纹上缘平直，其间背鳞4+2（1/2）行。前后肢均较短，贴体相向时，指、趾相距约等于前肢长度。下唇鳞6枚。

分布

中国特有种。仅分布于模式标本产地辽宁桓仁县。

 国家重点保护
野生动物
二级

 IUCN
红色名录
CR

 CITES
附录
未列入

香港双足蜥

Dibamus bogadeki

爬行纲 / 有鳞目 / 双足蜥科

 国家重点保护
野生动物
二级

 IUCN
红色名录
EN

 CITES
附录
未列入

形态特征

没有中央吻鳞沟，鼻鳞沟不完全，有唇鳞沟。顶间鳞大，眶后鳞1枚，上唇鳞2枚，环体中段鳞23行。生活时全身淡紫红色，散布深浅不一的斑点。

分布

中国特有种。仅发现于香港喜灵洲岛、周公岛与石鼓洲岛。

香港盲蛇

Indotyphlops lazelli

爬行纲 / 有鳞目 / 盲蛇科

形态特征

　　小型无毒蛇。背面棕色，各鳞片前缘有1个暗棕色点斑；腹正中9行鳞片外缘色白，在白色背景上略散布棕色点。头前部、下颌、喉部白色。

分布

　　中国特有种。目前已知仅分布于香港。

国家重点保护野生动物	IUCN红色名录	CITES附录
二级	CR	未列入

红尾筒蛇

Cylindrophis ruffus

爬行纲 / 有鳞目 / 筒蛇科

形态特征

　　中小型无毒蛇。头小吻扁，吻端宽圆，头、颈无明显区分；眼与鼻孔从背面均可见到，鼻孔大且圆，近吻端，背位，开口向上方。雄性泄殖肛孔两侧有呈"矩"状的后肢残迹。尾极短且扁，末端尖硬，常竖立可见尾腹面红色。头背、吻端和唇缘诸鳞具疣粒，尤以在吻端的疣粒密集。液浸标本通身棕褐色，体侧具白色横斑40对。白横斑在腹面相遇或交错止于腹中线；在背面仅较体色略浅，故不易识别，在背正中则无，但第一和第二浅色横斑在项背相遇形成环状。

分布

　　国内分布于海南、香港、福建。国外分布于缅甸、泰国、老挝、越南、柬埔寨、马来西亚、印度尼西亚。

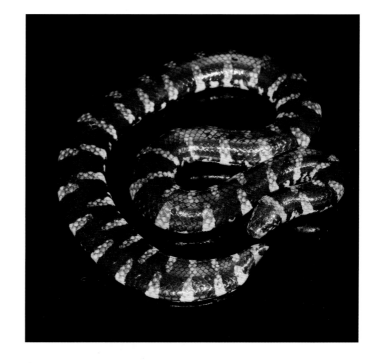

国家重点保护野生动物	IUCN红色名录	CITES附录
二级	LC	未列入

闪鳞蛇

Xenopeltis unicolor

爬行纲 / 有鳞目 / 闪鳞蛇科

 国家重点保护
野生动物
二级

 IUCN
红色名录
LC

 CITES
附录
附录II

形态特征

中小型无毒蛇。体圆柱形。吻钝圆。眼小。头较扁，与颈区分不明显。头背具2对顶鳞，其间具1枚顶间鳞。无颊鳞，眶前鳞1枚，眶后鳞2枚，上唇鳞8枚，下唇鳞8枚。背面棕褐色，背鳞略呈六边形，具较强金属光泽。D1背鳞灰白色，宽度约为正常背鳞的2倍。D2和D3背鳞鳞缘灰白色。腹面灰白色。尾下鳞22-31对，尾长于海南闪鳞蛇。

分布

国内分布于云南。国外分布于印度尼西亚、马来西亚、菲律宾、泰国、柬埔寨、越南、老挝、印度、斯里兰卡、孟加拉国、缅甸。

红沙蟒

Eryx miliaris

爬行纲 / 有鳞目 / 蚺科

形态特征

中小型无毒蛇。体粗短，近圆柱形，通体径粗相似。头较小，与颈区分不明显。吻端较扁，吻鳞较宽且低。鼻间鳞后有4枚小鳞。通身背面土红褐色或沙灰色，体背两侧具近似圆形黑斑，常在脊部相连成横斑，体侧具较小黑斑。通身被覆较小鳞片，已明显分化出腹鳞，较窄，但比相邻背鳞较宽。尾短，末端圆钝。腹面灰白色，密布黑褐色和橘红色点斑，大多聚集在腹中部。

分布

国内分布于新疆、甘肃、内蒙古、宁夏。国外分布于俄罗斯南部、土库曼斯坦、哈萨克斯坦、伊朗、伊拉克、巴基斯坦、阿富汗、印度、蒙古。

东方沙蟒

Eryx tataricus

爬行纲 / 有鳞目 / 蚺科

形态特征

中小型无毒蛇。体粗短，头、颈区分不明显。鼻间鳞后有2-3枚小鳞。背面灰色或沙褐色，显不规则黑色横斑；腹面灰白色，偶散布黑褐色点斑，通身被覆较小鳞片，已明显分化出腹鳞，较窄，但比相邻背鳞为宽。尾短，末端圆钝。

分布

国内分布于新疆、甘肃、内蒙古、宁夏。国外分布于俄罗斯南部、哈萨克斯坦、乌兹别克斯坦、土库曼斯坦、伊拉克、伊朗、阿富汗、巴基斯坦、印度、蒙古。

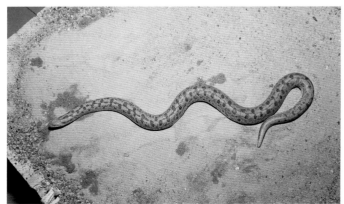

蟒蛇

Python bivittatus

爬行纲 / 有鳞目 / 蟒科

国家重点保护野生动物 二级　　IUCN红色名录 VU　　CITES附录 附录Ⅱ

《国家重点保护野生动物名录》备注：原名"蟒"

形态特征

大型无毒蛇。一般全长3-4米，最长有6-7米。头较小，与颈可区分。吻端较窄且略扁。鼻孔开于鼻鳞上部。部分上唇鳞和下唇鳞有唇窝（热测位器官）。泄殖孔两侧有爪状后肢残迹，雄性较为明显。头、颈背面具暗褐色"矛"形斑，该斑两侧具较规则的尖端朝前的倒"V"形斑。倒"V"形斑外侧伴以黑纹，覆盖眼部。自眼向后下方还有2条黑纹分别达唇缘和口角。通身背面棕褐色或灰褐色，体背和两侧具镶黑边的云豹斑纹，斑纹间色浅形成肉纹。腹面黄白色。

分布

国内分布于西藏、云南、贵州、广西、广东、海南、香港、澳门、福建。国外分布于印度尼西亚、泰国、柬埔寨、越南、老挝、缅甸、孟加拉国、不丹、尼泊尔、印度，引进到美国佛罗里达州。

井冈山脊蛇

Achalinus jinggangensis

爬行纲 / 有鳞目 / 闪皮蛇科

 国家重点保护
野生动物
二级

 IUCN
红色名录
CR

 CITES
附录
未列入

形态特征

小型无毒蛇。背鳞披针形，单个排列不呈覆瓦状。头较小，与颈区分不明显。眼小色黑。前额鳞向头侧延伸，与上唇鳞相接，无颊鳞。鼻间鳞沟长度约为前额鳞沟的1.5倍。前颊鳞2枚均入眶。通体青黑色，腹鳞后游离缘色淡，全身具强烈的蓝闪光。背鳞通身23行，最外行扩大且平滑，其余皆明显具棱。肛鳞完整，尾下鳞单行。

分布

中国特有种。分布于江西、广东、湖南。

三索蛇

Coelognathus radiatus

爬行纲 / 有鳞目 / 游蛇科

国家重点保护野生动物 二级　　IUCN红色名录 LC　　CITES附录 未列入

形态特征

　　中大型无毒蛇。头、颈可区分。自眼眶辐射出3条黑线纹，故名"三索"。第一、二索向下、后下方延伸，常达下唇鳞，有的止于口裂；第三索向后上方，沿顶鳞侧缘延伸，有的止于顶鳞后缘，有的继续向颈部延伸约1个头长距离。枕部顶鳞后缘具1条黑色横纹（枕纹），占1-2枚背鳞宽，两侧向下延伸至头腹侧。第三索与枕纹相接或交叉。通身背面红褐色或浅棕黄色。体背具4条黑色纵纹，脊侧2条较粗，部分个体纵纹不规则断裂。纵纹从体中段开始模糊，逐渐消失于体后段。腹面色浅，具金属光泽，显现或白色或淡黄色或浅灰色。

分布

　　国内分布于广东、广西、香港、福建、云南、贵州。国外分布于印度尼西亚、新加坡、马来西亚、泰国、缅甸、老挝、柬埔寨、孟加拉国、印度、尼泊尔、不丹。

团花锦蛇

Elaphe davidi

爬行纲 / 有鳞目 / 游蛇科

形态特征

　　中小型无毒蛇。头、颈可区分。头背前部具1个深色横斑，中部具1对略对称的深色短纵斑，枕部具形状不规则的大斑（中间色浅），常与中部的纵斑相融。眼后具镶黑边的深棕色眉纹，约与眼径等宽，向后斜达口角。体、尾背面灰褐色，具3行深色镶黑边的圆斑，正中1行较大，且圆斑之间色浅，看似将圆斑串成念珠。腹面米白色，密布不规则的褐色斑和橘色点。

分布

　　国内分布于黑龙江、吉林、辽宁、内蒙古、北京、天津、河北、山西、陕西、山东。国外分布于朝鲜。

 国家重点保护
野生动物
二级

 IUCN
红色名录
NE

 CITES
附录
未列入

横斑锦蛇

Euprepiophis perlaceus

爬行纲 / 有鳞目 / 游蛇科

形态特征

　　中型无毒蛇。头、颈区分不明显。头背黄绿色，具3条黑色横斑：第一条横跨吻背；第二条横跨两眼，在眼下分2支，分别达口缘；第三条呈倒"V"形，其尖端始自额鳞，左右支分别斜经口角达喉部。体、尾背面橄榄绿色或黄绿色，具几十道横斑，每个横斑由黑-黄绿-黑3道横纹组成，每横纹约占1枚背鳞宽。成体体色偏黄绿色，中间这道横纹与体色接近，且黑色横纹中夹杂珍珠样点斑，串联成珍珠项链样。每组横斑前后相隔4-6枚背鳞。腹面乳白色，腹鳞具黑色大斑点，约占1枚腹鳞宽。

分布

　　中国特有种。仅分布于四川。

 国家重点保护
野生动物
二级

 IUCN
红色名录
NE

 CITES
附录
未列入

尖喙蛇

Rhynchophis boulengeri

爬行纲 / 有鳞目 / 游蛇科

形态特征

　　中小型无毒蛇。吻端尖出，被以小鳞，翘向前上方。体修长，腹鳞具侧棱，成幼色异。头略大，与颈可区分。颊鳞1枚。头侧具1条黑眉，自鼻鳞下缘和上唇鳞上缘经眼眶下缘至颞鳞下缘和最后1枚上唇鳞上缘。上、下唇和头腹黄色、浅绿色或白色。通身背面绿色，背鳞间皮肤黑色。身体前段大多数背鳞鳞缘具白色短纵纹，身体弯曲时可见。体、尾腹面淡绿色，侧棱黄色或白色，形成腹面的2条细纵纹。幼体通身背面灰褐色，伴随成长，灰色逐渐褪去，绿色逐渐增多，成体时通身背面绿色。

分布

　　国内分布于广西、广东、云南。国外分布于越南。

 国家重点保护
野生动物
二级

 IUCN
红色名录
LC

 CITES
附录
未列入

西藏温泉蛇

Thermophis baileyi

爬行纲 / 有鳞目 / 游蛇科

形态特征

　　中小型无毒蛇。头、颈可区分。眶后鳞3枚。上、下唇及头腹色浅，唇鳞后缘色深。通身背面青灰色或浅棕色。体背隐约可见深色斑点连缀而成的数条纵链，直达尾部，背正中1条纵链最明显。背鳞最外侧3行鳞片的中央色深，形成3条细纵纹。背鳞最外行平滑，其余均具棱。体、尾腹面黄绿色，腹鳞两侧具黑色斑。

分布

　　中国特有种。仅分布于西藏。

 国家重点保护
野生动物
一级

 IUCN
红色名录
NT

 CITES
附录
未列入

香格里拉温泉蛇

Thermophis shangrila

爬行纲 / 有鳞目 / 游蛇科

形态特征

中小型无毒蛇。头、颈可区分，眶后鳞2枚。上、下唇和头腹淡黄色或橄榄绿色。通身夹杂深褐色、浅褐色、淡黄色、橄榄绿色，色彩斑驳。体背具数条深浅相间的纵纹，通达尾末。体、尾腹面橄榄绿色，两侧常具黑色点斑。

分布

中国特有种。仅分布于云南。

 国家重点保护
野生动物
一级

 IUCN
红色名录
NE

 CITES
附录
未列入

四川温泉蛇

Thermophis zhaoermii

爬行纲 / 有鳞目 / 游蛇科

形态特征

中小型无毒蛇。头、颈可区分。眶后鳞2枚。上、下唇和头腹色浅。通身背面橄榄绿色或浅棕色或褐色，体色变异较大。体背具5条纵行色带，脊部1行颜色最深，有的个体脊侧2行色淡而几乎不可见。纵行色带上常缀以多数深色斑，圆形或不规则形。有的个体脊部和脊侧斑左右相融，形成深色横斑。背鳞最外侧3行鳞片的中央颜色暗褐，形成3条细纵纹。体、尾腹面青灰色或黄绿色，两侧常具黑色点斑。

分布

中国特有种。仅分布于四川。

 国家重点保护
野生动物
一级

 IUCN
红色名录
EN

 CITES
附录
未列入

黑网乌梢蛇

Zaocys carinatus

爬行纲 / 有鳞目 / 游蛇科

 国家重点保护
野生动物
二级

 IUCN
红色名录
LC

 CITES
附录
未列入

形态特征

大型无毒蛇。眼大,瞳孔圆形。背鳞行数为偶数,18-16-12行,体前段中央2行起棱,中段以后4行起棱,中央2行棱强。头背棕黄色,上唇色较浅,皆无斑。下唇和头腹白色。体、尾背面棕黄色,体前段背鳞间皮肤或白或黑,隐约可见不规则的黑白细网纹。体中段部分背鳞鳞缘色黑,连缀成不规则的黑网纹。体后段和尾背两边各具3条较规则的黑纵纹,纵纹间常以黑色短横纹相连,形成黑网纹。尾背的黑色短横纹规则排列,"网孔"呈现为规则排列的黄色点。体、尾腹面黄白色。亦有通身背面黑色个体,腹面为灰黑色。

分布

国内分布于云南。国外分布于印度尼西亚、菲律宾、马来西亚、新加坡、泰国、柬埔寨、越南、老挝、缅甸。

瘰鳞蛇

Acrochordus granulatus

爬行纲 / 有鳞目 / 瘰鳞蛇科

 国家重点保护
野生动物
二级

 IUCN
红色名录

 CITES
附录

形态特征

中小型完全水栖无毒蛇。头、颈区分不明显。鼻孔背位,孔周具一圈小鳞。体粗,皮肤松弛,尾较短且略侧扁,游动时身体侧扁。通身小鳞平砌排列,小鳞突起似瘰粒,故名瘰鳞蛇,俗称锉子蛇。无宽大的腹鳞,腹面中线具1条纵行皮褶。头背具不规则的灰白点斑。体背底色为灰黑色或灰褐色,通体体侧具灰白色或黄色横斑,体段横斑50条左右,尾段横斑10条左右。横斑向上延伸至背脊处,相遇或交错;向下延伸止于腹中线皮褶处,相遇或交错。两性异型,雌性通常比雄性大,表现为头更大、体更长、身体更重。

分布

国内分布于海南。国外分布于南亚和东南亚沿海、巴布亚新几内亚、澳大利亚西部和北部沿海、所罗门群岛。

眼镜王蛇

Ophiophagus hannah

爬行纲 / 有鳞目 / 眼镜蛇科

形态特征

　　大型前沟牙类毒蛇。全长一般3米左右，最长纪录达6米。脊鳞两侧数行较窄长，斜列。受惊扰时，颈部平扁膨大，前半身常竖立，作攻击姿态。颈背无眼镜状斑纹（相近种舟山眼镜蛇颈背具"双片眼镜"状斑纹）。顶鳞后具1对较大的枕鳞。通身背面黑褐色，头背色略浅。颈背具倒"V"形黄白色斑，颈以后具几十条镶黑边的白色横纹，约占2枚背鳞宽。头腹乳白色无斑，在颈腹面渐变为黄白色或灰白色，并开始出现灰褐色斑点，斑点在体前段腹面汇聚成几道不甚规则的灰褐色横斑，占2-5枚腹鳞宽，横斑间及其后部的斑点密集，使整个腹面呈现灰褐色。幼蛇色斑鲜艳，头背和体、尾背面横纹鲜黄色。

分布

　　国内分布于西藏、云南、贵州、四川、广西、广东、香港、海南、福建、浙江、江西、湖南。国外分布于东南亚、南亚各国。

国家重点保护
野生动物
二级

IUCN
红色名录
VU

CITES
附录
附录 II

蓝灰扁尾海蛇

Laticauda colubrina

爬行纲 / 有鳞目 / 眼镜蛇科

国家重点保护
野生动物
二级

IUCN
红色名录
LC

CITES
附录
未列入

形态特征

中小型前沟牙类毒蛇。头、颈区分不明显。体圆柱形，尾侧扁。具3枚前额鳞。唇缘黄色，且此黄色斑纹延伸至吻和额部略呈新月形。体背蓝灰色，具蓝黑色环纹38-43+3-6个。与扁尾海蛇形态相近，区别是后者具2枚前额鳞，且唇缘黑色。

分布

国内分布于台湾沿海。国外分布于斯里兰卡、缅甸、马来西亚、印度尼西亚、菲律宾、日本、澳大利亚、新西兰、斐济、新喀里多尼亚、墨西哥、萨尔瓦多、尼加拉瓜沿海，以及太平洋的泰国湾、美拉尼西亚、波利尼西亚、巴布亚新几内亚，印度洋的安达曼群岛、尼科巴群岛、孟加拉湾。

扁尾海蛇

Laticauda laticaudata

爬行纲 / 有鳞目 / 眼镜蛇科

形态特征

中小型前沟牙类毒蛇。头、颈区分不明显。体圆柱形，尾侧扁。具2枚前额鳞。唇缘黑色，额部具1个略呈新月形的浅蓝色或白色斑纹。体背蓝灰色或蓝色，具黑色环纹39-50个。与蓝灰扁尾海蛇形态相近，区别是后者具3枚前额鳞，且唇缘黄色。

分布

国内分布于福建、台湾等沿海。国外分布于斯里兰卡、缅甸、马来西亚、印度尼西亚、菲律宾、日本、澳大利亚、新西兰、斐济、新喀里多尼亚、墨西哥、萨尔瓦多、尼加拉瓜沿海，以及太平洋的泰国湾、美拉尼西亚、波利尼西亚、巴布亚新几内亚，印度洋的安达曼群岛、尼科巴群岛、孟加拉湾。

 国家重点保护
野生动物
二级

 IUCN
红色名录
LC

 CITES
附录
未列入

半坏扁尾海蛇

Laticauda semifasciata

爬行纲 / 有鳞目 / 眼镜蛇科

形态特征

中小型前沟牙类毒蛇。头、颈区分不明显。体圆柱形，较粗壮，尾侧扁。吻鳞横裂为二。体背蓝灰色，具暗褐色环纹35-39+6-7个。与扁尾海蛇和蓝灰扁尾海蛇的区别是本种吻鳞横裂为二。

分布

国内分布于辽宁、福建、台湾等沿海。国外分布于印度尼西亚、巴布亚新几内亚、菲律宾、斐济、马鲁古群岛和琉球群岛沿海。

 国家重点保护
野生动物
二级

 IUCN
红色名录
NT

 CITES
附录
未列入

龟头海蛇

Emydocephalus ijimae

爬行纲 / 有鳞目 / 眼镜蛇科

国家重点保护野生动物 二级　　IUCN红色名录 LC　　CITES附录 未列入

形态特征

中小型前沟牙类毒蛇。头较短，头、颈区分不明显。体圆柱形，尾侧扁。头黑褐色，自前额鳞沿头侧至口角具1条浅色纹。吻部前端与尾末端皆具黑斑。吻鳞五边形，雄蛇前端具一锥状突起；体背深褐色，具黑褐色环纹，脊鳞扩大，呈六边形。腹鳞中央具前后相连的纵脊。

分布

国内主要分布于台湾沿海。国外分布于琉球群岛沿海。

青环海蛇

Hydrophis cyanocinctus

爬行纲 / 有鳞目 / 眼镜蛇科

国家重点保护野生动物 二级　　IUCN红色名录 LC　　CITES附录 未列入

形态特征

中型前沟牙类毒蛇。头、颈区分不明显。鼻孔背位。体长且较细，后部较粗且略侧扁，尾侧扁如桨。头背橄榄褐色，头腹略浅淡。体背浅黄色或浅褐色，体、尾腹面黄白色；通身具背宽腹窄的黑褐色环纹50-76+5-10个。（幼蛇斑纹清晰，腹鳞黑色。年老个体背面环纹渐模糊，但体侧仍可辨认）。体鳞略呈覆瓦状排列，中央具棱，颈部一周27-35枚，躯体最粗部一周37-44枚。体前段腹鳞约为相邻体鳞的2倍，后段腹鳞仅略大于相邻体鳞。

分布

国内分布于福建、广东、广西、海南、台湾、香港、浙江、上海、山东、辽宁等沿海。国外分布于波斯湾、印度半岛、澳大利亚，以及东南亚各国。

环纹海蛇

Hydrophis fasciatus

爬行纲 / 有鳞目 / 眼镜蛇科

形态特征

中小型前沟牙类毒蛇。头略小。体前部较细，体后部较粗而略侧扁；尾侧扁如桨。吻鳞高，从头背可见甚多；开口于鼻鳞后部，背位；眼背侧位。体背深灰色，腹面黄白色，通身具背宽腹窄的黑色环纹，从体侧看环纹颇似一个个倒三角形。头部黑色，体前腹面、所有腹鳞、尾末端均为黑色。

分布

国内主要分布于福建、广东、广西、海南沿海。国外分布于阿拉伯海、澳大利亚、巴布亚新几内亚沿海，以及东南亚各国。

 国家重点保护野生动物 二级　 IUCN 红色名录 LC　 CITES 附录 未列入

黑头海蛇

Hydrophis melanocephalus

爬行纲 / 有鳞目 / 眼镜蛇科

形态特征

中型前沟牙类毒蛇。头较小。体前部细长，后部较粗而极侧扁，尾侧扁。头和尾后部黑色，鼻后具一个黄色点，眼后具1条黄色线纹。体背橄榄色或灰色，腹面黄白色，具黑色横斑，具50-62+5-9个黑色横斑，体侧和腹面清晰可见。

分布

国内主要分布于浙江、福建、台湾、广东、广西沿海。国外分布于越南、菲律宾、韩国、日本沿海。

 国家重点保护野生动物 二级　 IUCN 红色名录 DD　 CITES 附录 未列入

淡灰海蛇

Hydrophis ornatus

爬行纲 / 有鳞目 / 眼镜蛇科

国家重点保护野生动物 二级　**IUCN 红色名录** LC　**CITES 附录** 未列入

形态特征

中小型前沟牙类毒蛇。头较大。躯体不是特别长，较侧扁；尾侧扁如桨。头背橄榄黄色。体背橄榄褐色，腹面米黄色，通身具黑灰色宽横纹，体中段横斑略成菱形。

分布

国内主要分布于广东、广西、海南、香港、台湾、山东沿海。国外分布于波斯湾，以及印度半岛、澳大利亚，以及东南亚各国沿海。

棘眦海蛇

Hydrophis peronii

爬行纲 / 有鳞目 / 眼镜蛇科

形态特征

中小型前沟牙类毒蛇。头较小。体粗短，尾侧扁。体前段较细，中、后段较粗壮。额鳞与顶鳞裂为数片，眶上鳞及其相邻鳞片的后缘尖出成棘。通身背面底色棕灰色或浅褐色，具深色横斑45+8个，向两侧下延逐渐变窄；腹面灰白色，具淡棕色条纹；体鳞26-26-34行，略呈菱形，覆瓦状排列，具斜向后方的刺状棱；腹鳞较小，其宽度与相邻体鳞约相等或较窄。幼蛇和亚成体具明显的横斑，但随着成长，横斑会变淡甚至消失。

分布

国内分布于台湾、香港沿海。国外分布于印度洋、澳大利亚、巴布亚新几内亚热带海域。

国家重点保护野生动物 二级　**IUCN 红色名录** LC　**CITES 附录** 未列入

棘鳞海蛇

Hydrophis stokesii

爬行纲 / 有鳞目 / 眼镜蛇科

形态特征

中型前沟牙类毒蛇。头大，与颈区分明显，吻宽，躯体粗短，最大直径约为颈部直径的2倍。除前部少数外，腹鳞均纵分为2枚较长而末端尖出的鳞片。头部深橄榄色，通身浅黄色或灰褐色，具完整的黑褐色宽横斑32-36个；宽横斑之间常有点斑或短横斑。

分布

国内主要分布于台湾沿海。国外分布于阿拉伯海、澳大利亚北部、巴布亚新几内亚，以及东南亚各国沿海。

 国家重点保护野生动物 二级　　 **IUCN 红色名录** LC　　 **CITES 附录** 未列入

青灰海蛇

Hydrophis caerulescens

爬行纲 / 有鳞目 / 眼镜蛇科

形态特征

中小型前沟牙类毒蛇。头较小。体前段不细长，尾侧扁。通身背面青灰色，具40-60个黑色宽横斑。随年龄增长，横斑逐渐不清晰，背面呈一致的青灰色。头暗灰色（幼蛇头黑色），有的具浅色斑纹。

分布

国内主要分布于广东、山东、台湾沿海。国外分布于巴基斯坦、印度、孟加拉国、缅甸、泰国、马来西亚、越南、印度尼西亚、澳大利亚北部、新喀里多尼亚。

 国家重点保护野生动物 二级　　 **IUCN 红色名录** LC　　 **CITES 附录** 未列入

平颏海蛇

Hydrophis curtus

爬行纲 / 有鳞目 / 眼镜蛇科

国家重点保护野生动物 二级　IUCN 红色名录 LC　CITES 附录 未列入

形态特征

中小型前沟牙类毒蛇。头大，吻端超出下颌。体粗壮，体前后粗细差别不显著，颈部径粗大于最粗部的一半，成年雄性腹鳞两侧各数行体鳞的棱棘特别发达；尾侧扁如桨。体背黄褐色，腹面浅黄白色，具背宽腹窄的暗褐色斑，从侧面看，略呈三角形。

分布

国内主要分布于福建、广东、广西、海南、香港、台湾、山东沿海。国外分布于阿拉伯联合酋长国、阿曼、伊朗、巴基斯坦、印度、斯里兰卡、孟加拉国、缅甸、泰国、越南、菲律宾、日本、马来西亚、印度尼西亚、巴布亚新几内亚、澳大利亚北部。

小头海蛇

Hydrophis gracilis

爬行纲 / 有鳞目 / 眼镜蛇科

国家重点保护野生动物 二级　IUCN 红色名录 LC　CITES 附录 未列入

形态特征

中小型前沟牙类毒蛇。头极小，吻端超出下颌甚多。体前部特别细长，后部较粗而略侧扁，尾侧扁如桨。头背黄褐色。体背灰黑色，腹面污白色，体后段和尾部可看出黑褐色菱形斑，在细长的前部则不呈菱形斑。腹鳞退化，与体鳞大小近相似，体后部腹鳞则纵分为二，左右两半并列或略交错，但通身腹鳞都明显可辨。

分布

国内主要分布于福建、广东、广西、海南、香港沿海。国外分布于阿拉伯联合酋长国、阿曼、伊朗、巴基斯坦、印度、斯里兰卡、孟加拉国、缅甸、泰国、越南、菲律宾、马来西亚、印度尼西亚、巴布亚新几内亚、澳大利亚西北部、美拉尼西亚群岛。

长吻海蛇

Hydrophis platurus

爬行纲 / 有鳞目 / 眼镜蛇科

国家重点保护
野生动物
二级

IUCN
红色名录
LC

CITES
附录
未列入

形态特征

中小型前沟牙类毒蛇。头、颈区分不明显。鼻孔背位。头扁且吻长，体短粗且侧扁，尾侧扁。头、体上半黑色或深橄榄色，下半鲜黄色，两色在体侧界线分明。尾部白色，散布大小不一的黑斑，黑斑的大小、排列变异颇多。体鳞颈部一周41-59枚，躯体最粗部一周49-59枚，鳞片呈六边形或近方形，平砌排列，在背面者平滑，在体侧者具短棱。腹鳞常可辨别，被纵沟分裂为二，少数与体鳞不易区别。

分布

国内分布于福建、广东、广西、海南、台湾、香港、浙江、山东等沿海。国外分布于印度洋、太平洋及其海岛沿岸，东达中美洲西海岸，西达非洲东部，北到日本海，南到澳大利亚沿海，直至塔斯马尼亚。

截吻海蛇

Hydrophis jerdonii

爬行纲 / 有鳞目 / 眼镜蛇科

形态特征

中小型前沟牙类毒蛇。吻窄而略下斜，体长而粗壮。前额鳞小，不接眶上鳞；体鳞排列较整齐，环体一周22-30枚。体、尾背面橄榄绿色，具深色横斑38+2个，脊背具菱形的黑色小斑点，腹面淡黄色。腹鳞较相邻体鳞略宽，通身清晰可辨。

分布

国内主要分布于台湾沿海。国外分布于南亚、东南亚各国沿海。

 国家重点保护
野生动物
二级

 IUCN
红色名录
NE

 CITES
附录
未列入

海蝰

Hydrophis viperinus

爬行纲 / 有鳞目 / 眼镜蛇科

形态特征

中小型前沟牙类毒蛇。头大，与颈区分明显。具明显的眶下鳞；体前后粗细几乎一致且略侧扁；尾侧扁。体背暗绿色至黑色，有几十个略呈菱形的深色斑，年老个体逐渐变得模糊不显；腹面浅灰白色，背腹两种颜色在体侧过渡。其典型特征是：体前部腹鳞宽大明显，后部则渐窄小。

分布

国内主要分布于福建、广东、广西、海南、香港、台湾沿海。国外分布于波斯湾到印度尼西亚沿海。

 国家重点保护
野生动物
二级

 IUCN
红色名录
LC

 CITES
附录
未列入

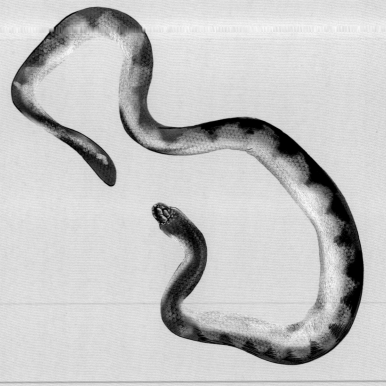

泰国圆斑蝰

Daboia siamensis

爬行纲 / 有鳞目 / 蝰科

国家重点保护
野生动物
二级

IUCN
红色名录
LC

CITES
附录
未列入

形态特征

中型管牙类毒蛇。头较大，略呈三角形，与颈区分明显。体粗壮，尾短，背鳞具强棱。通身背面灰褐色、棕褐色。头背密布小鳞，具3个深色斑，呈"品"字形排列。体背具3行深色大圆斑，脊部每行30个左右，较大，与两侧圆斑交错排列。圆斑周缘色黑并镶以浅色细边。通身腹面灰白色，头腹大多数鳞片后缘处具小黑斑，腹面散布略呈半圆形的灰褐色小斑。有的个体尾腹中央具小黑斑连缀而成的黑纵纹。

分布

国内分布于云南、广西、广东、湖南、福建、台湾。国外分布于泰国、缅甸、柬埔寨、印度尼西亚。

蛇岛蝮

Gloydius shedaoensis

爬行纲 / 有鳞目 / 蝰科

国家重点保护
野生动物
二级

IUCN
红色名录
VU

CITES
附录
未列入

形态特征

中小型管牙类毒蛇。体略粗，尾较短。头略呈三角形，与颈区分明显。头背大鳞前置，约占头背面积的一半。头背具左右对称的深色斑，略呈"八"字形，不同中型管牙类毒蛇。个体形状差异较大。枕部具"（）"形斑。眼后到口角具黑色眉纹，宽度约为眼径一半，下缘镶以极细的白边。上、下唇和头腹灰白色，散布深色点。通身背面树皮灰色。体背两侧各具1行中间色浅的深色斑块，斑块常在脊部相融，形成深浅相间的横斑。体侧近腹面具不规则的深色斑点。腹面浅灰色，密布深色细点。

分布

中国特有种。仅分布于辽宁。

角原矛头蝮

Protobothrops cornutus

爬行纲 / 有鳞目 / 蝰科

形态特征

　　中小型管牙类毒蛇。头被粒鳞，呈三角形，与颈区分明显。颊窝由3枚大鳞围成，其中1枚为第二上唇鳞。眼上具1对向外斜、被细鳞的角状突起，角状物基部呈三角锥形。鼻鳞到两角基前侧具黑褐色"X"形斑。从角后侧至头后枕部具1对黑褐色"）（"形斑。眼后具上浅下深的2条粗斑纹。通身背面灰色、灰褐色或灰绿色，自颈至尾具左右交错排列的镶黄色边的黑褐色块斑。腹面淡灰褐色，密布深色点斑。

分布

　　国内分布于广西、广东、福建、贵州、浙江。国外分布于越南。

 国家重点保护
野生动物
二级

 IUCN
红色名录
NT

 CITES
附录
未列入

莽山烙铁头蛇

Protobothrops mangshanensis

爬行纲 / 有鳞目 / 蝰科

形态特征

　　中大型管牙类毒蛇。头大，呈三角形，与颈区分明显。吻端钝圆。头被小鳞，平滑无棱。眼较小，瞳孔直立椭圆形。通身背面色彩斑驳，黄绿色为主。头部具不规则的棕褐色斑纹，左右略对称。体、尾背面具若干约等距排列的棕褐色环斑，大多占2-3枚背鳞宽，边界不规则。环斑常在体侧断开，使得背面呈横斑状，侧面似块斑。腹面棕褐色，密布黄绿色点斑，散布略呈三角形的黄白色斑。尾后半段淡绿色或几近白色。背鳞25-25-17行，中段最外行平滑，其余均具棱。

分布

　　中国特有种。分布于湖南、广东。

国家重点保护
野生动物
一级

IUCN
红色名录
EN

CITES
附录
附录 II

极北蝰

Vipera berus

爬行纲 / 有鳞目 / 蝰科

形态特征

　　小型管牙类毒蛇。头略呈三角形，与颈区分明显。端鳞大多2枚。鼻孔大，位于鼻鳞正中。眼中等大小，眼周有许多小鳞。上、下唇鳞黄白色或淡黄色，鳞缘褐色。通身背面灰褐色或橄榄黄色。头背具"X"形黑褐色斑，眼后具1条深色纵纹。背脊具1行深色锯齿状纵纹，两侧各具1行深色点斑。腹面浅褐色，密布棕色点斑。

分布

　　国内分布于新疆、吉林。国外分布于除伊比利亚半岛以外的欧洲、中亚、北亚，以及朝鲜、蒙古。

 国家重点保护
野生动物
二级

 IUCN
红色名录
LC

 CITES
附录
未列入

东方蝰

Vipera renardi

爬行纲 / 有鳞目 / 蝰科

形态特征

小型管牙类毒蛇。头略呈三角形,与颈区分明显。端鳞大多1枚。鼻孔小,位于鼻鳞下半部。眼中等大小,眼周有许多小鳞。通身背面灰褐色。头背具"X"形黑褐色斑,眼后具1条深色纵纹。背脊具1行波浪形或锯齿状深色纵纹,体侧各具1行粗大的黑褐色点斑。腹面灰黑色,每枚腹鳞基部黑褐色,游离缘灰白色,散布1排或大或小的黑色点斑,前后缀连成数行细纵纹。

分布

国内分布于新疆。国外分布于俄罗斯、乌克兰、哈萨克斯坦、吉尔吉斯斯坦、乌兹别克斯坦、塔吉克斯坦、蒙古。

 国家重点保护野生动物 二级

 IUCN 红色名录 VU

 CITES 附录 未列入

扬子鳄

Alligator sinensis

爬行纲 / 鳄目 / 鼍科

形态特征

吻短且平扁。四肢短粗，前肢5指无蹼，趾端有爪；后肢4趾半蹼。背部呈暗褐色或墨黄色，腹部为灰色。尾部长而侧扁，杂有灰黑色或灰黄色相间的斑纹。

分布

中国特有种。分布于安徽宣城、芜湖和浙江长兴的局部区域。

 国家重点保护野生动物 一级　 IUCN 红色名录 CR　 CITES 附录 附录 I

跋

2021年2月5日，国家林业和草原局、农业农村部联合发布公告，正式公布新调整的《国家重点保护野生动物名录》（以下简称《名录》）。调整后的《名录》，共列入野生动物980种和8类，其中国家一级保护野生动物234种和1类、国家二级保护野生动物746种和7类。上述物种中，686种为陆生野生动物，294种和8类为水生野生动物。

这次《名录》调整，是我国自1989年以来首次对《名录》进行大调整，与原《名录》相比，新《名录》主要有两点变化。一是原《名录》所有物种均予以保留，调整保护级别68种。其中豺、长江江豚等65种由国家二级保护野生动物升为国家一级，熊猴、北山羊、蟒蛇3种野生动物因种群稳定、分布较广，由国家一级保护野生动物调整为国家二级。二是新增517种（类）野生动物，占新名录总数的52%。其中，大斑灵猫等43种列为国家一级保护野生动物，狼等474种（类）列为国家二级保护野生动物。

我国野生动物种类十分丰富，仅脊椎动物就达7300种，其中大熊猫、华南虎、金丝猴、长江江豚、朱鹮、大鲵等许多珍贵、濒危野生动物为我国所特有。为加强珍贵、濒危野生动物拯救保护，《中华人民共和国野生动物保护法》对实施《名录》制度做出了明确规定。为让野生动物保护管理、执法监管人员熟悉新《名录》中野生动物种类、管理要求、识别特征等，便于在执法过程中准确把握法律条文、甄别驯养品种、推进依法惩处；让经营利用人员及时了解新《名录》中野生动物种类，使其在经营利用中自觉遵守野生动物保护法律法规；让公众科学认识新《名录》中野生动物物种，形成全社会保护野生动物的良好局面，中国野生动物保护协会联合海峡书局出版社有限公司共同出版了《国家重点保护野生动物图鉴》，希望对推动我国野生动物保护有所帮助。在此，对所有参与本书编写、提供照片和资料，以及支持本书出版的单位和个人表示衷心的感谢。

"天高任鸟飞，海阔凭鱼跃"，作为生态系统重要组成部分的野生动物，在生态文明建设中正发挥着独特的作用。保护野生动物，维护其自然家园的完整性和原真性，满足人民群众对美好生活的需求，是我们的责任，也是时代的要求。

编委会

2022年3月

主要参考文献

蔡波，李家堂，陈跃英，等，2016. 通过红色名录评估探讨中国爬行动物受威胁现状及原因 [J]. 生物多样性，24(5)：578-587.

车静，蒋珂，颜芳，等，2020. 西藏两栖爬行动物—多样性与进化 [M]. 北京：科学出版社.

国家林业和草原局，农业农村部，2021. 国家重点保护野生动物名录 [EB/OL]. (2021-02-05). http://www.forestry.gov.cn/html/main/main_5461/20210205122418860831352/file/20210205151950336764982.pdf

高正文，孙航，2017. 云南省生物物种名录（2016 版）[M]. 昆明：云南科技出版社.

高正文，孙航，2017. 云南省生物物种红色名录（2017 版）[M]. 昆明：云南科技出版社.

黄松，2021. 中国蛇类图鉴 [M]. 福州：海峡书局.

江建平，李新政，王斌，等，2020. 水生野生保护动物 [M]. 北京：科学出版社.

蒋志刚，2021. 中国生物多样性红色名录 脊椎动物：第 1 卷 哺乳动物 [M]. 北京：科学出版社.

蒋志刚，江建平，王跃招，等，2016. 中国脊椎动物红色名录 [J]. 生物多样性，24(5)：500-551.

蒋学龙，王应祥，马世来，1991. 中国猕猴的分类及分布 [J]. 动物学研究，12(3)：241-247.

刘少英，吴毅，李晟，2022. 中国兽类图鉴 [M]. 第 3 版. 福州：海峡书局.

李丕鹏，赵尔宓，董丙君，等，2010. 西藏两栖爬行动物多样性 [M]. 北京：科学出版社.

潘清华，王应祥，岩崑，2007. 中国哺乳动物彩色图鉴 [M]. 北京：中国林业出版社

饶定齐，2020. 中国西南野生动物图谱：爬行动物卷 [M]. 北京：北京出版社.

史海涛，2011. 中国贸易龟类检索图鉴 [M]. 修订版. 北京：中国大百科全书出版社.

史海涛，赵尔宓，王力军，等，2011. 海南两栖爬行动物志 [M]. 北京：科学出版社.

魏辅文，杨奇森，吴毅，等，2021. 中国兽类名录（2021 版）[J]. 兽类学报，41(5)：487-501.

魏辅文，2022. 中国兽类分类与分布 [M]. 北京：科学出版社.

王跃招，蔡波，李家堂，2021. 中国生物多样性红色名录 脊椎动物：第 3 卷 爬行动物 [M]. 北京：科学出版社.

向高世，李翔鹏，杨懿如，2009. 台湾两栖爬行类图鉴 [M]. 台北：猫头鹰出版社.

杨大同，饶定齐，2008. 云南两栖爬行动物 [M]. 昆明：云南科技出版社.

张孟闻，宗愉，马积藩，1998. 中国动物志 爬行纲：第 1 卷 总论 龟鳖目 鳄形目 [M]. 北京：科学出版社.

赵尔宓，2006. 中国蛇类 [M]. 合肥：安徽科学技术出版社.

赵尔宓，黄美华，宗愉，1998. 中国动物志 爬行纲：第 3 卷 有鳞目 蛇亚目 [M]. 北京：科学出版社.

赵尔宓，杨大同，1997. 横断山两栖爬行动物（青藏高原横断山区科学考察丛书）[M]. 北京：科学出版社.

赵尔宓，赵肯堂，周开亚，1999. 中国动物志 爬行纲：第 2 卷 有鳞目 蜥蜴亚目 [M]. 北京：科学出版社.

周婷，李丕鹏，2012. 中国龟鳖分类原色图鉴 [M]. 北京：中国农业出版社.

朱建国，马晓锋，钱亚明，等，2021. 中国西南受威胁及特有脊椎动物 [M]. 北京：科学出版社.

BAO W, 2010. Eurasian lynx in China - present status and conservation challenges[J]. Cat News Special Issue, 5: 22-25.

CASTELLO J R, 2016. Bovids of the World: Antelopes, Gazelles, Cattle, Goats, Sheep, and Relatives[M]. Princeton: Princeton University Press.

CHOUDHURY A, 2001. An overview of the status and conservation of the red panda *Ailurus fulgens* in India, with reference to its global status[J]. Oryx, 35(3): 250-259.

CITES, 2022 . Checklist of CITES species, appendix Ⅰ, Ⅱ and ⅠⅠⅠ [EB/OL]. [2022-02-05]. https://checklist.cites.org/.

FLYNN J J, NEDBAL M A, DRAGOO J W, 2000. Whence the red panda [J]. Molecular phylogenetics and evolution, 17(2): 190-199.

FLEAGLE J G, 1999. Primate adaptation and evolution (second edition) [M]. San Diego: Academic press.

GROVES C P, 2001. Primate taxonomy[M]. Washington: Smithsonian Institution Press.

GILBERT C, ROPIQUET A, HASSANIN A, 2006. Mitochondrial and nuclear phylogenies of Cervidae (Mammalia, Ruminantia): Systematics, morphology, and biogeography[J]. Molecular Phylogenetics and Evolution, 40(1): 101-117.

GROVES C, GRUBB P, 2011. Ungulate Taxonomy[M]. Baltimore: The Johns Hopkins University Press.

HE L, GARCIA PEREA R, LI M, 2004. Distribution and conservation status of the endemic Chinese mountain cat *Felis bieti*[J]. Oryx, 38: 55-61.

HEMMER H, 1972. *Uncia uncia*. [J] Mammalian Species, 20: 1-5.

HU Y B, THAPA A, FAN H Z, et al., 2020. Genomic evidence for two phylogenetic species and long-term population bottlenecks in red pandas[J]. Science Advances, 6(9): 5751.

HUNTER L, 2011. Carnivores of the World[M]. Princeton: Princeton University Press.

IUCN. 2020. The IUCN Red List of Threatened Species. Veysion 2020-1 [EB/OL].[2020-02-05]. https://www.iucnredlist.org/.

IUCN. 2021. The IUCN Red List of Threatened Species. Version 2021-1 [EB/OL].[2021-02-20]. https://www.iucnredlist.org/.

LAGUARDIA A, KAMLER J F, LI S, et al., 2017. The current distribution and status of leopards *Panthera pardus* in China[J]. Oryx, 51(1): 153-159.

LI S, MCSHEA W J, WANG D J, et al., 2020. Retreat of large carnivores across the giant panda distribution range[J]. Nature Ecology & Evolution, 4: 1327-1331.

LI S, WANG D J, GU X D, et al., 2010. Beyond pandas, the need for a standardized monitoring protocol for large mammals in Chinese nature reserves[J]. Biodiversity and Conservation, 19: 3195-3206.

LI S, WANG D J, LU Z, et al., 2010. Cats living with pandas: the status of wild felids within giant panda range, China[J]. Cat News, 52: 20-23.

MEIJAARD E, GROVES C P, 2004. A taxonomic revision of the *Tragulus* mouse-deer (Artiodactyla)[J]. Zoological Journal of the Linnean Society, 140: 63–102.

MEIJAARD E, CHUA M A H, DUCKWORTH J W, 2017. Is the northern chevrotain, *Tragulus williamsoni* Kloss, 1916, a synonym or one of the least-documented mammal species in Asia [J]. Raffles Bulletin of Zoology, 65: 506–514.

UETZ P, FREED P, AGUILAR R, et al., 2022. The Reptile Database, Version 2021-1[EB/OL]. [2022-02-20].http://www.reptile-database.org.

WILSON D E, LACHER T E, MITTERMEIER R A, et al., 2016. Handbook of the Mammals of the World. Vol. 6 Lagomorphs and Rodents I[M]. Barcelona: Lynx Edicions.

WILSON D E, MITTERMEIER R A, 2009. Handbook of the mammals of the world. Vol. 1. Carnivores [M]. Barcelona: Lynx Edicions.

WILSON D E, MITTERMEIER R A, 2011, Handbook of the Mammals of the World. Vol. 2. hoofed mammals[M]. Barcelona: Lynx Edicions.

WILSON D E, MITTERMEIER R A, 2013. Handbook of the mammals of the World, Vol. 3. Primates[M]. Barcelona: Lynx Edition.

WILSON D E, MITTERMEIER R A, 2014. Handbook of the mammals of the World, Vol. 4. Sea Mammals[M]. Barcelona: Lynx Edition.

中文名笔画索引

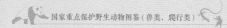
拉丁名索引